高等院校计算机基础精品系列规划教材

大学计算机基础实验教程

胡念青　刘玉萍　主　编

邢　跃　冯焕婷　副主编

中国铁道出版社
CHINA RAILWAY PUBLISHING HOUSE

内 容 简 介

本书作为《大学计算机基础》的辅助配套教材，主要向学生提供实验、实训方面的上机练习与可供参考的实验步骤，帮助学生将课堂上学到的基础概念与理论知识转化为实际的动手操作能力。本书所编制的实验内容丰富多样，基本涵盖了主教材中涉及的主要知识点，其中既有相对基础、浅显的实验，也有较为复杂、综合的实验。实际教学过程中师生们可以灵活选择。另外，除实验外，本书还参考计算机等级考试的部分题目，为学生准备了有关计算机应用基础知识多种类型的练习题，帮助大家更好地学习和掌握相关知识要点，并应对所需的各类计算机技能考试。

本书适合高等院校计算机基础课程的配套实验教材。

图书在版编目（CIP）数据

大学计算机基础实验教程 / 胡念青，刘玉萍主编. —北京：中国铁道出版社，2008.8
（高等院校计算机基础精品系列规划教材）
ISBN 978-7-113-08765-4

Ⅰ.大… Ⅱ.①胡… ②刘… Ⅲ.电子计算机－高等学校—教材 Ⅳ.TP3

中国版本图书馆 CIP 数据核字（2008）第 124732 号

书　　名：大学计算机基础实验教程
作　　者：胡念青　刘玉萍　主编

策划编辑：严晓舟　秦绪好
责任编辑：王占清　　**编辑部电话：**（010）63583215
编辑助理：杨　勇　李瑞琳　　**封面制作：**白　雪
封面设计：付　巍　　**责任印制：**李　佳

出版发行：中国铁道出版社（北京市宣武区右安门西街 8 号　　**邮政编码：**100054）
印　　刷：中国铁道出版社印刷厂
版　　次：2008 年 8 月第 1 版　2008 年 8 月第 1 次印刷
开　　本：787mm×1092mm　1/16　**印张：**8.25　**字数：**187 千
印　　数：5 000 册
书　　号：ISBN 978-7-113-08765-4/TP・2796
定　　价：15.00 元

高等院校计算机基础精品系列规划教材
编审委员会

序

21世纪的高校计算机基础教育进入了一个新的时期。为了适应日新月异、快速发展的信息化社会对大学生的实际需要，使大学生们拥有更丰富的计算机知识和更强的计算机应用技能，计算机基础课程的教学内容必须紧跟当前计算机技术的发展和应用水平；教学模式、教学方法和教学手段需要深入改革和突破；更加注重计算机综合应用能力、实践动手能力与创新精神的全面培养，使大学生能够在今后的学习和工作中，将计算机技术与本专业紧密结合，并有效地应用于各专业领域，大力提升学生的社会适应能力和竞争力。

教材作为教学指导思想、培养目标、教学要求、教学内容的载体和具体体现，可以帮助教师全面、具体地理解教学改革要求与教学内容，并以此为依据进行讲授和组织教学活动。学生通过教材进行学习，掌握知识和能力。教材的好坏，关乎教学质量能否得以保障。

为了更好地推动四川省本科院校教师的计算机基础教育的最新研究成果在一线教学中得以实践，中国铁道出版社精心组织四川省计算机教育专家、教授、一线教师队伍编写和出版了"高等院校计算机基础精品系列规划教材"。

本系列教材根据教育部对高等学校计算机基础教学提出的指导意见和基本要求，以社会需求为导向，以拓宽知识面、提高计算机应用能力、培养创新精神为目标编写而成，同时认真贯彻和体现中国高等院校计算机基础教育改革课题研究组的最新研究成果——《中国高等院校计算机基础教育课程体系》的思路和课程要求。

本系列教材的主编和作者都是多年深入教学第一线、教学经验丰富的专家、教授，是一大批国家级与省级教学改革研究项目、国家"十一五"规划教材、精品课程的负责人，他们对计算机基础教育改革的方向和思路有深切的体会和清醒的认识。因而可以说，本系列教材是他们的最新研究成果、教学经验全面总结的具体化。

本系列教材的出版和推广，对进一步推动计算机基础教学的深入改革，提高计算机基础课程的教学质量，将发挥积极作用和深远影响。

匡松 教授
全国高等学校计算机教育研究会理事
全国高等院校计算机基础教育研究会理事
四川省高等学校计算机应用知识与能力等级考试委员会委员

前言

为了适应计算机技术的高速发展，做好高校精品教材建设工作，使高等院校计算机基础教育能更好地适应现代化建设和社会发展的需要，2007年中国铁道出版社与四川省各高校计算机基础教育界专家们联合组织策划了在成都召开高等院校“高等院校计算机基础课程精品系列规划教材”研讨会。各高校与会代表就目前高等院校计算机公共课程教材问题进行了深入讨论，达成了共同编写计算机教材的合作意向，组成了《大学计算机基础》和《大学计算机基础实验教程》教材编委会，对编写大纲进行了深入细致的讨论并达成共识。

本套教材在《中国高等院校计算机基础教育课程体系》的总体框架下，本着“以人为本，以学生为主体，以教师为主导”的现代教育理念，力求反映计算机学科发展的新趋势、新成果，力求在有限的篇幅中，以内容上的大信息量、结构上的广谱性，深入浅出、注重实用，使教材具有一定的宽容度和可选择性，以满足各层次高校学生参差不齐的计算机基础学习情况，满足高等院校本、专科不同层次的教学需求。

《大学计算机基础实验教程》作为《大学计算机基础》的辅助配套教材，围绕主教材中涉及的诸多重要概念和理论知识，以丰富多样的实验、实训题目（其中带*号实验可选做），为学生提供了极富针对性的上机操作范例，并配有详细的实验步骤供学生参考。通过这些实验，学生能将课堂上所学到的理论知识成功地转化为实际的动手操作能力，从而掌握计算机基础应用方面的诸多概念和技巧。

本书由胡念青（四川师范大学文理学院）、刘玉萍（西南民族大学）主编。参与编写的老师有邢跃（绵阳师范学院）、冯焕婷（四川师范大学文理学院）、高罡（绵阳师范学院）等。

由于编者水平有限、加之时间仓促，书中难免有不足或疏漏之处，敬请同行及广大读者批评指正。

编 者

2008年6月

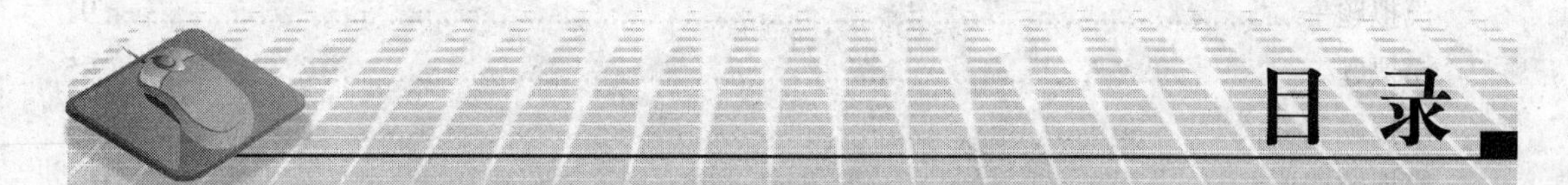

第一部分 基础实验

第二部分　综 合 习 题

第一部分 基础实验

实验一　指法练习与测试

【实验目的和要求】

（1）掌握鼠标与键盘的使用；

（2）熟练掌握键盘输入指法，熟悉输入法的切换；

（3）熟练使用一两种输入法输入汉字。

【实验步骤】

1．在记事本中输入一段文本，并保存

步骤 1　选择“开始”→“所有程序”→“附件”→“记事本”命令，启动“记事本”程序。

步骤 2　单击桌面右下角▭图标，选择一种输入法；或者使用【Ctrl+Shift】组合键进行输入法的切换，直到需要的输入法出现为止，开始输入文字。

步骤 3　单击“记事本”窗口中的空白区域，定位光标插入点，准备输入文字。以智能 ABC 输入法为例，以全拼方式输入“qishi”，按空格键，选择 **8** 出现“启事”两字。

步骤 4　按【Enter】键，将光标移至下行。

步骤 5　以混拼方式输入“benryu”，按空格键；出现“本人于”三字。

步骤 6　按照前面介绍的方法输入后续的所有内容，选择“文件”→“保存”命令保存文档，完成后的效果如图 1-1 所示。

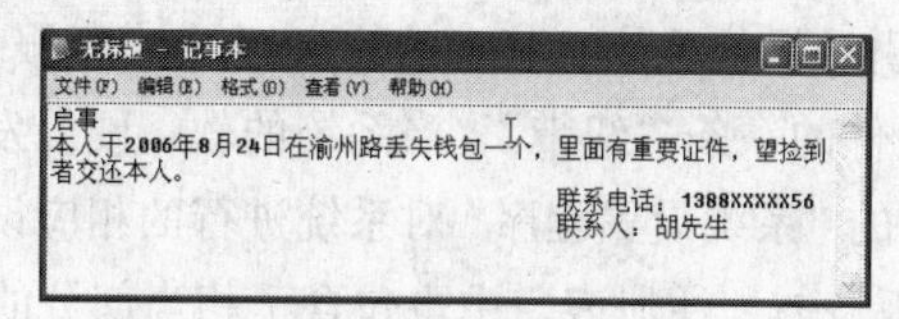

图 1-1　“记事本“窗口

2．打字软件的使用

步骤 1　首先介绍两款实用的打字软件及其下载地址。

金山打字通 2006 正式版：www.skycn.com/soft/11684.html

www.oamo.com/Software/Catalog158/5554.html

www.78soft.com/soft/16378.htm

运指如飞打字软件 V5.22：www.onlinedown.net/soft/684.htm

www.skycn.com/soft/8105.html

www.crsky.com/soft/2235.html

步骤 2　这里以金山打字通 2006 正式版为例，做简单讲解。

安装好金山打字软件后，双击图标启动文件，出现如图 1-2 所示界面，输入一个新的用户名，或者选择一个已经存在的用户名，就可以进行练习和测试了。

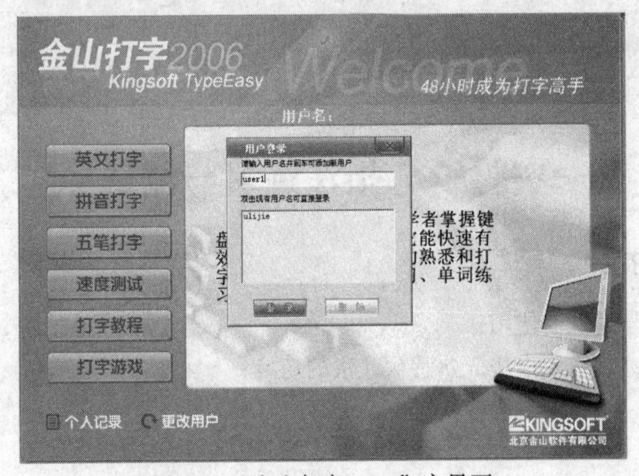

图 1-2 “金山打字 2006”主界面

*实验二　BIOS 配置演示实验

【实验目的和要求】

这是一个演示实验，由教师将 BIOS 配置界面打开，为学生讲解其中重要的条目及其含义和配置方法。

【实验步骤】

步骤 1　BIOS（基本输入/输出系统）：约 550KB 大小的应用程序代码，固定存储在主板上的可擦涂可编程只读存储器 EEPROM 芯片中，从基层控制计算机的功能，如初始化系统设备、系统自检、分配系统资源、引导操作系统、基本的输入/输出中断服务及与计算机各接口实现通信等。BIOS 是连接软件与硬件的一条“纽带”，当系统的软、硬件发生变化后，BIOS 的设置也需做相应的改变。由 BIOS 中的“系统设置程序”对系统进行的相应设置将保存在 CMOS 芯片中。另外，Windows 的“控制面板”与“注册表”中也包含了相当部分的 BIOS 设置项目。

计算机启动时开机画面中出现英文提示信息“Press Del to enter SETUP”，按【Delete】键可进入 BIOS 设置程序。

步骤 2　利用上述 BIOS 设置程序，可对下列选项进行设置：

（1）在 CMOS 标准设置（Standard CMOS Features）中可对系统的当前日期和时间进行设置（Date 和 Time）；

（2）在 BIOS 高级设置（Advanced BIOS Features）中可对系统引导区和硬盘分区表进行反病毒保护设置（Anti-Vrius Protection）；

（3）可对计算机启动时的引导顺序进行设置；

（4）开启主板上的 USB 控制器以使用更多的 USB 接口（OnChip USB Controller）；

（5）通过对电源设置（Power On Function）中的 Keyboard 选项进行设置，可使用某些键盘上特有的电源开关启动电脑；

（6）可通过 Powor Management Option 来设置计算机省电模式；

（7）利用 Supervisor Password 和 User Password 可设置系统启动密码，以保证数据安全。

*实验三　Windows XP 的安装

【实验目的和要求】

（1）了解 Windows XP 的安装条件；

（2）了解 Windows XP 的安装方式；

（3）掌握 Windows XP 安装时的设置及安装全过程。

【实验步骤】

1. 安装条件

Windows XP 要求 CPU 为奔腾 300MHz 以上，内存为 128MB 以上，而且最好有 5GB 以上的可用磁盘空间。建议安装 Windows XP 系统的主分区空间为 10GB 以上。

2. 安装方式分类

安装方式可以大致分为三种——升级安装、全新安装和多系统共享安装。在此以全新安装（通过 Windows XP 安装光盘引导系统并自动运行安装程序）为例，讲解安装全过程。

3. 安装全过程

步骤 1　在光盘安装之前，进入 BIOS，将启动顺序设置为 CDROM 优先（设置方法请参见实验二），并用 Windows XP 安装光盘进行启动，启动后即可开始安装。

步骤 2　用光盘启动后，将出现如图 3-1 所示的“欢迎使用安装程序”界面，按【Enter】键开始安装。

步骤 3　在出现的 Windows XP 的许可协议界面里按【F8】键，进行下一步操作。

步骤 4　接着会显示硬盘中的现有分区或尚未划分的空间（见图 3-2），使用上下光标键选择 Windows XP 将要使用的分区，选定后按【Enter】键。

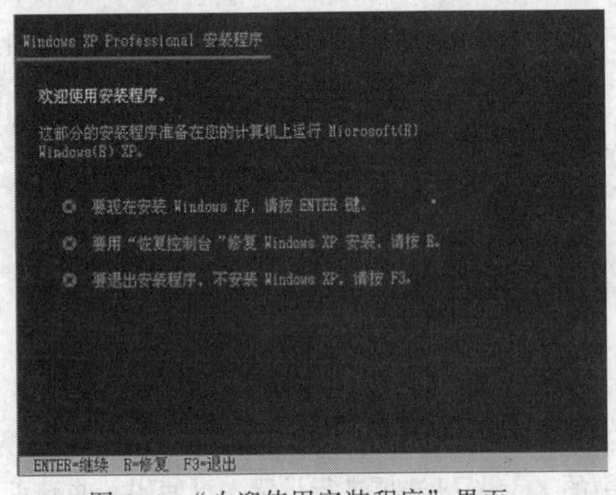

图 3-1 “欢迎使用安装程序”界面

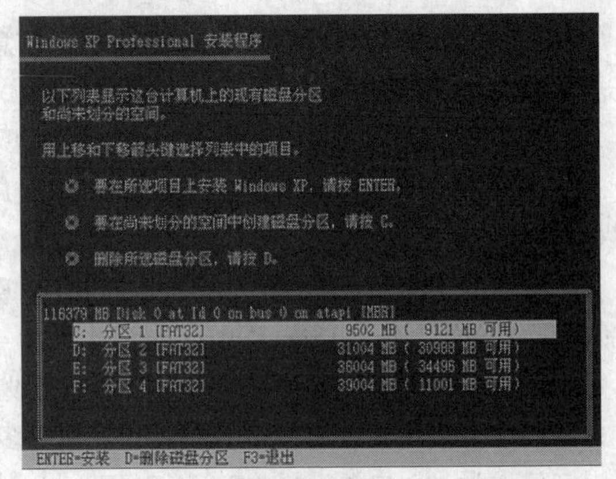

图 3-2 “选择所使用的分区”界面

步骤 5 使用光标键选择文件系统的格式（FAT 或 NTFS 文件系统，建议使用 NTFS 文件系统）对磁盘进行格式化，选择后按【Enter】键即开始格式化。

步骤 6 格式化完成后，安装程序即开始从光盘向硬盘复制安装文件，如图 3-3 所示，复制完成后会自动重新启动。

步骤 7 重启后，出现如图 3-4 所示的安装界面，整个安装过程基本上是自动进行的，需要人工干预的地方不多。首先会弹出“区域和语言选项”对话框，可使用默认设置；接下来出现的“自定义软件”对话框，要求填入姓名和单位，可随意填写。

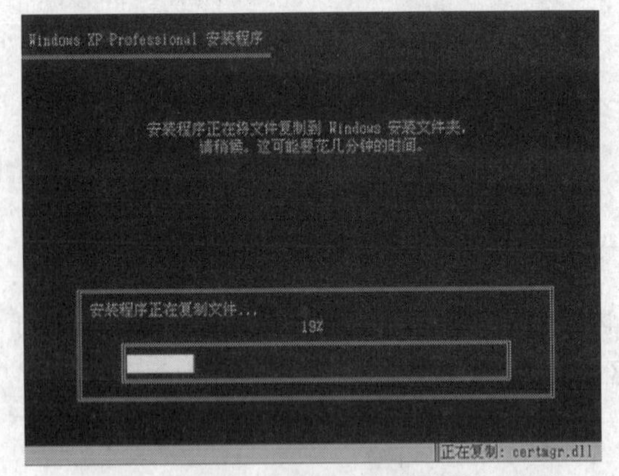

图 3-3 “从光盘向硬盘复制文件”界面

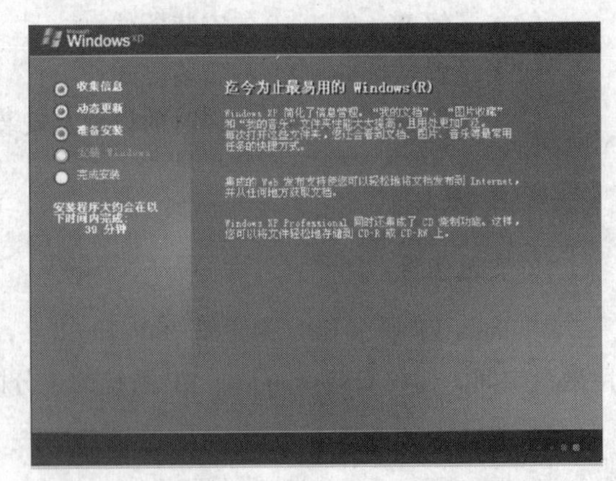

图 3-4 Windows XP 安装界面

步骤 8 在接下来出现的产品密钥对话框中填入一个 25 位的产品密钥，如图 3-5 所示，这个密钥一般会附带在软件的光盘或说明书中，据实填写即可。

步骤 9 如图 3-6 所示，在“计算机名和系统管理员密码”对话框中填入计算机名和系统管理员密码，如果计算机不在网络中可自行设置计算机名和密码。

步骤 10 接下来要求设置日期和时间，可直接单击“下一步”按钮；还要对网络进行设置，如果计算机不在局域网中可使用默认设置，单击“下一步”按钮即可；如果是局域网中的用户，可在网络管理员的指导下设置。

步骤 11 接着安装程序会自动进行其他的设置和文件复制，其间可能会有几次短暂的黑屏，这是正常现象。安装完成后系统会自动重新启动。

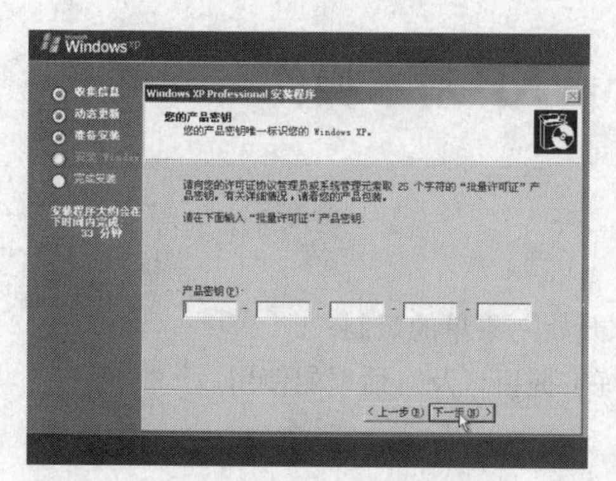

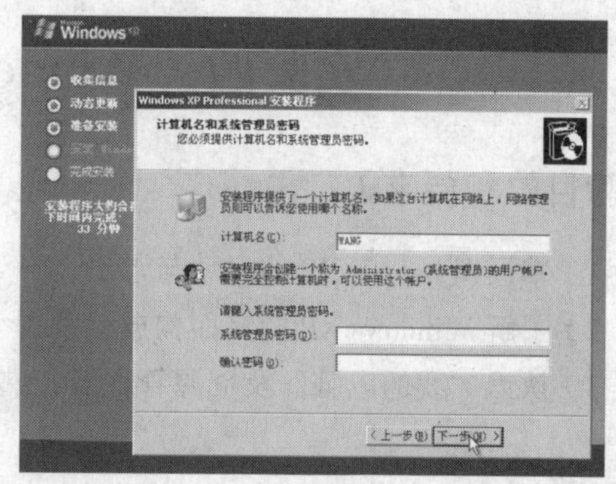

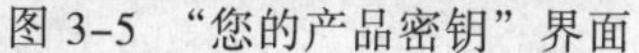

图 3-5　“您的产品密钥”界面　　　　图 3-6　“计算机名和系统管理员密码”界面

步骤 12　这一次的重启是真正运行 Windows XP。第一次运行 Windows XP 时要求设置 Internet 和用户，并进行软件激活。Windows XP 至少需要设置一个用户账户，在“谁会使用这台计算机”界面（见图 3-7）中输入中文或英文用户名称即可。

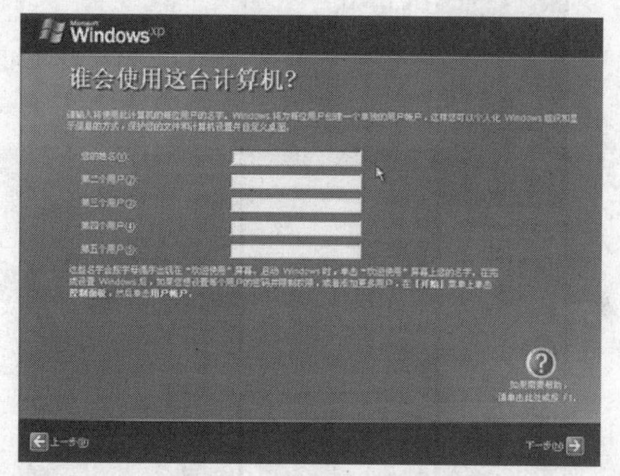

图 3-7　账户设置界面

步骤 13　其他步骤都不是必需的，可在启动之后再进行设置，可以单击界面右下角的“下一步”按钮跳过去。当一切完成后，将出现 Windows XP 桌面，如图 3-8 所示，至此，Windows XP 操作系统的安装成功完成。

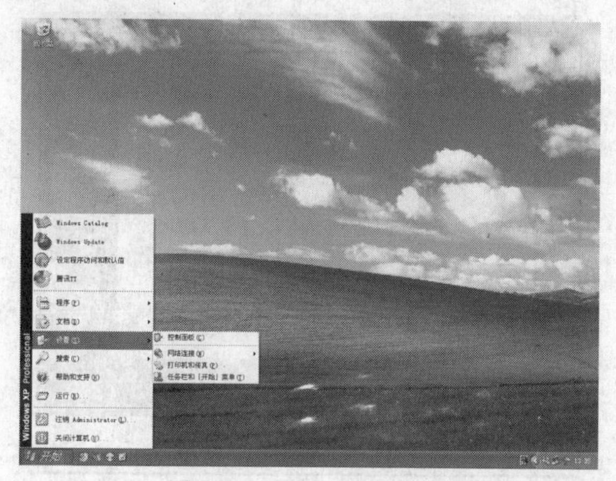

图 3-8　Windows XP 桌面

实验四　Windows XP 基本操作

【实验目的和要求】

（1）掌握 Windows XP 的启动与退出；

（2）了解 Windows XP 的桌面构成，掌握“开始”菜单的定制；

（3）认识“我的电脑”及资源管理器，熟练掌握窗口及对话框的使用。

【实验步骤】

步骤 1　启动计算机，熟悉键盘布局，找到各个控制键的位置。

步骤 2　如图 4-1 所示，选择“开始”→“所有程序”→“附件”→“画图”命令，打开“画图”程序窗口，如图 4-2 所示。

图 4-1　打开“画图”程序的路径

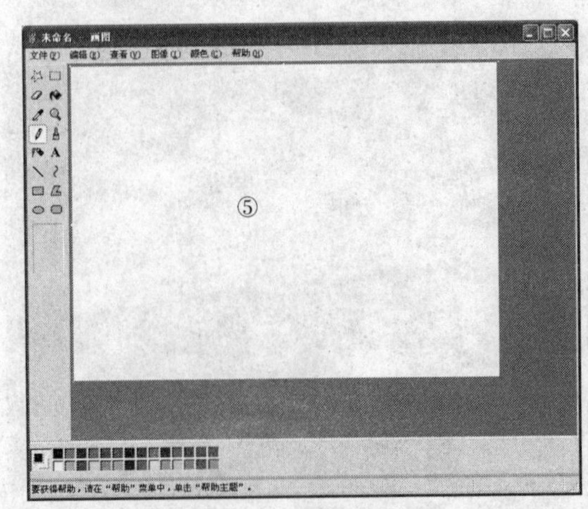

图 4-2　“画图”窗口

步骤 3　对该程序的窗口进行最大化、最小化、移动以及改变其窗口大小的操作。

步骤 4　选择“开始”→“所有程序”→“附件”→“计算器”命令，如图 4-3 所示。

步骤 5　在“计算器”命令上右击，在弹出的快捷菜单中选择“发送到”→“桌面快捷方式”命令，在桌面上创建“计算器”的快捷方式，如图 4-4 所示。

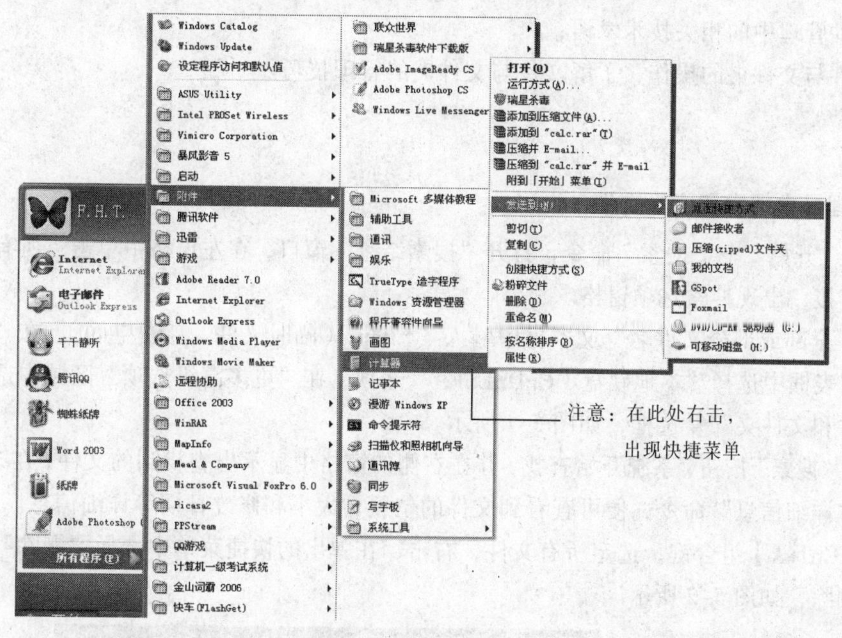

图 4-3　发送“计算器”的快捷方式图标到桌面

图 4-4　“计算器”快捷图标

步骤 6　在任务栏的空白处右击，选择“属性”命令，出现“任务栏和「开始」菜单属性”对话框，选择“任务栏”选项卡，选中“自动隐藏任务栏”复选框；然后选择“「开始」菜单”选项卡，选择“经典「开始」菜单”单选按钮，最后单击“确定”按钮，如图 4-5 和图 4-6 所示。最后观察任务栏的变化。

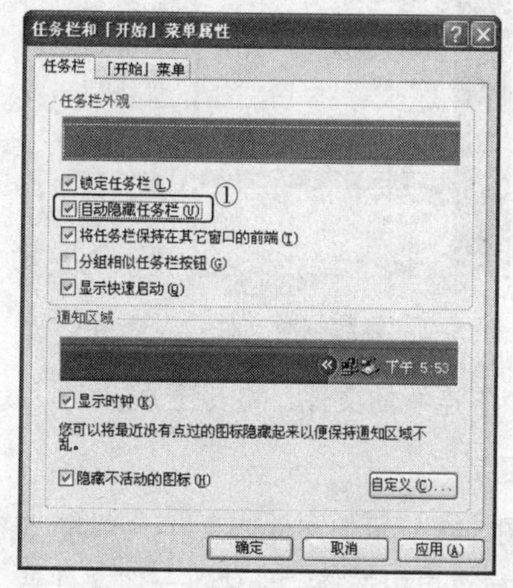

图 4-5　“任务栏”选项卡

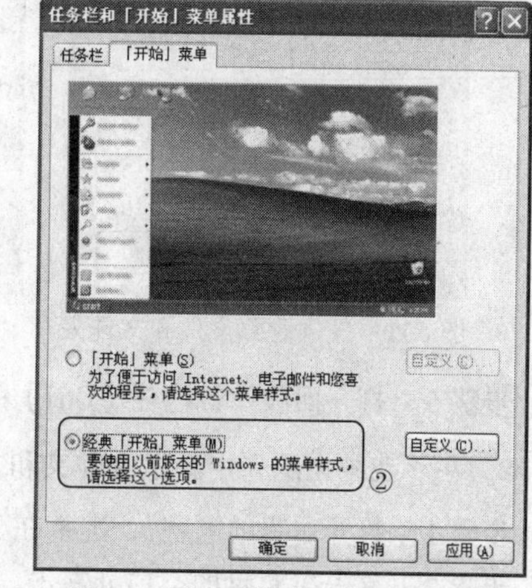

图 4-6　“「开始」”菜单选项卡

步骤 7　练习完毕后关闭窗口，并关闭计算机。

实验五　文件系统与文件管理

【实验目的和要求】

（1）了解文件管理中的相关技术术语；

（2）掌握文件与文件夹的操作，了解文件与文件夹的管理技巧。

【实验步骤】

1. 在资源管理器中搜索和删除文件

步骤 1　选择“开始”→“搜索”命令，打开“搜索结果”窗口，在左窗格中单击“所有文件和文件夹”超链接，出现搜索选项窗格。

步骤 2　在“全部或部分文件名”文本框中输入“*.tmp”（临时文件，耗费空间），在“在这里寻找”下拉列表框中选择“本地硬盘（C:;D:;E:;F:）”选项，在“更多高级选项”区域中选中“搜索隐藏的文件和文件夹”复选框，如图 5-1 所示。

步骤 3　单击“搜索”按钮，系统开始查找，并在右侧的窗格中显示出查找到的文件，在“查看”菜单中选择“详细信息”命令，便可查看到文件的位置、大小和修改日期等详细信息。

步骤 4　按【Ctrl+A】组合键，选定所有文件，右击，在弹出的快捷菜单中选择“删除”命令，将临时文件删除，如图 5-2 所示。

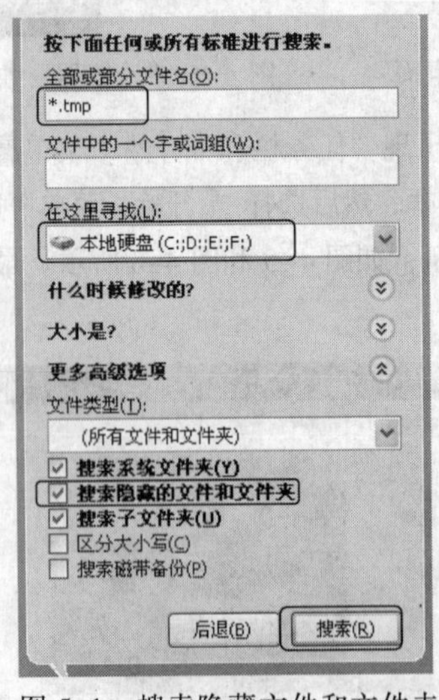

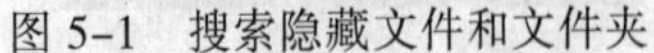

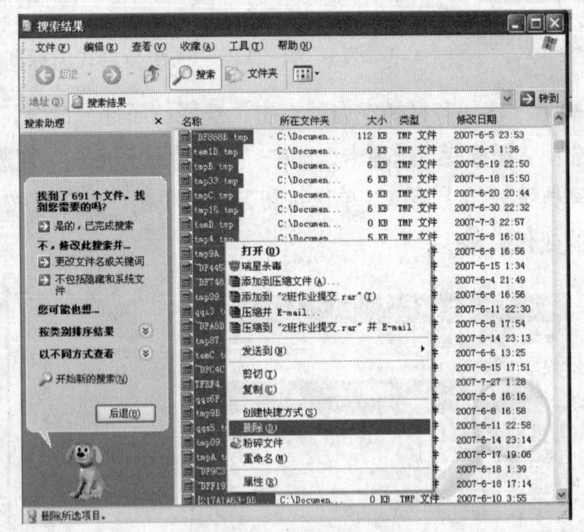

图 5-1　搜索隐藏文件和文件夹　　　　图 5-2　删除临时文件

步骤 5　打开回收站，按住【Ctrl】键，选择三个不连续的文件，将其还原。

2. 在“我的电脑”中新建文件夹和文件并将其复制

步骤 1　打开“我的电脑”，准备在 E 盘创建如图 5-3 所示的文件体系。

步骤 2　首先在 E 盘的空白处右击，在弹出的快捷菜单中选择“新建”→“文件夹”命令，创建“学习文件”文件夹。

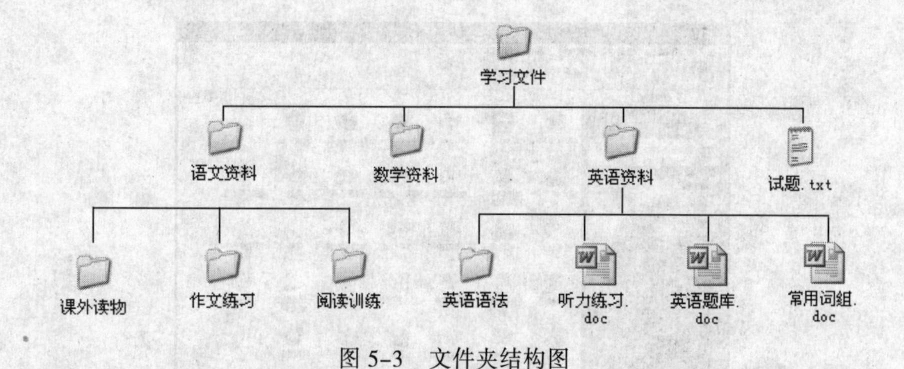

图 5-3　文件夹结构图

步骤 3　打开“学习文件”文件夹，用相同的方法创建一个名为“语文资料”的文件夹。

步骤 4　选定“语文资料”文件夹，右击，选择“复制”命令，然后在空白处右击，选择“粘贴”命令，将生成一个名为“复件 语文资料”的文件夹，将名称改为“数学资料”。同样的方法创建“英语资料”及其他文件夹。

步骤 5　在“学习文件”文件夹中的空白处右击，在弹出的快捷菜单中选择“新建”→“文本文档”命令，新建一个文本文档，并将其命名为“试题.txt”。

步骤 6　同样方法在相应的文件夹中，新建“Microsoft Word 文档”，分别命名为“听力练习.doc”、“英语题库.doc”、“常用词组.doc”。

步骤 7　打开资源管理器，选择刚才新建的三个文件“听力练习.doc”、“英语题库.doc”、“常用词组.doc”，将其复制到 E 盘根目录下。

步骤 8　将“试题.txt”文件设置为隐藏属性。

实验六　控制面板的操作

【实验目的和要求】

（1）掌握控制面板的打开和关闭；
（2）掌握通过控制面板对键盘、鼠标的设置；
（3）熟悉显示属性的设置；
（4）了解账户的管理，安装和删除程序等。

【实验步骤】

步骤 1　选择“开始”→“控制面板”命令，出现如图 6-1 所示的“控制面板”窗口，对计算机系统进行设置。

步骤 2　双击图标，或者在桌面的空白处右击，选择“属性”命令，打开系统“显示属性”对话框。如图 6-2 所示，选择“桌面”选项卡，将电脑的背景图片更换一张；然后选择“屏幕保护程序”选项卡，如图 6-3 所示，将屏幕保护程序改为“三维管道”。

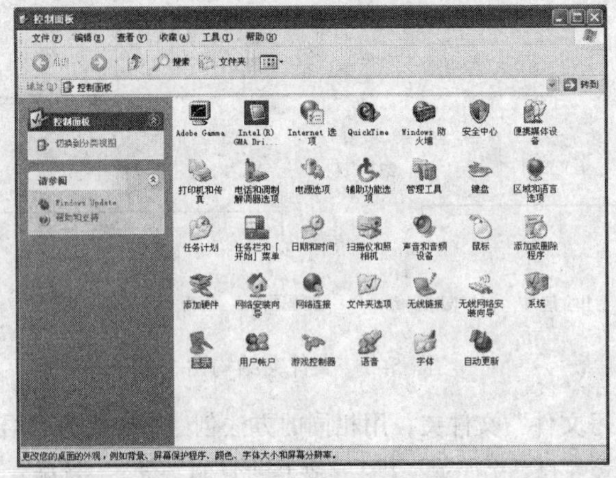

图 6-1 “控制面板”窗口

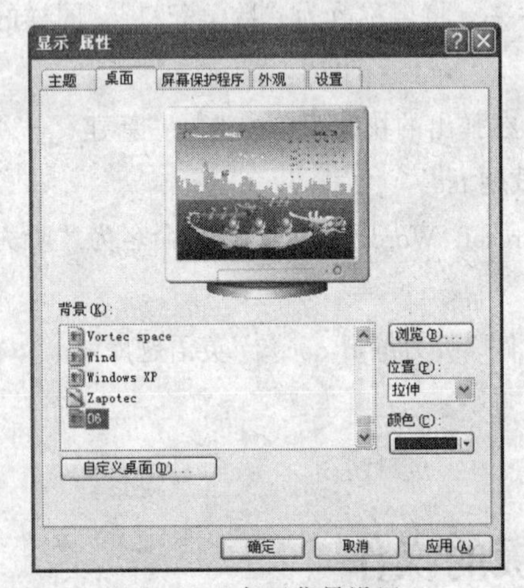

图 6-2 桌面背景设置

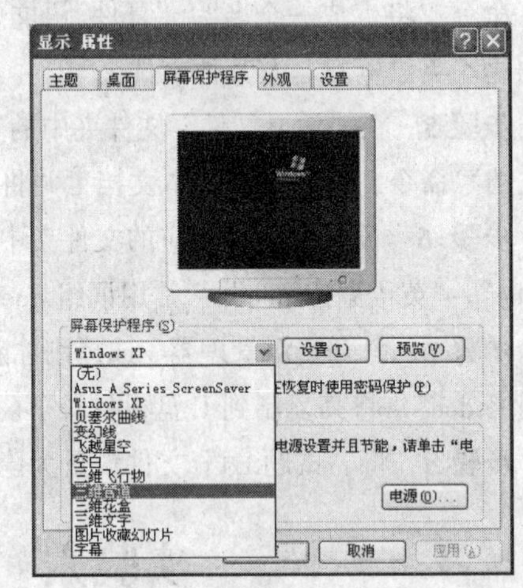

图 6-3 屏幕保护程序设置

步骤 3 双击 图标，打开“鼠标属性”对话框，在“指针”选项卡中，将“方案”更改为“Windows 标准（特大）（系统方案）”，如图 6-4 所示。

步骤 4 双击 图标，如图 6-5 所示，打开“用户账户”窗口，单击“创建一个新账户”超链接，在随后出现的对话框中，输入新用户名称为“user1”、账户类型为“受限”的账户。

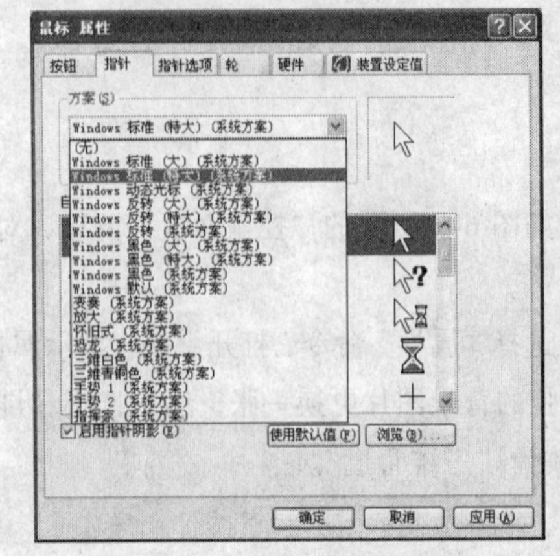

图 6-4 鼠标指针方案选择

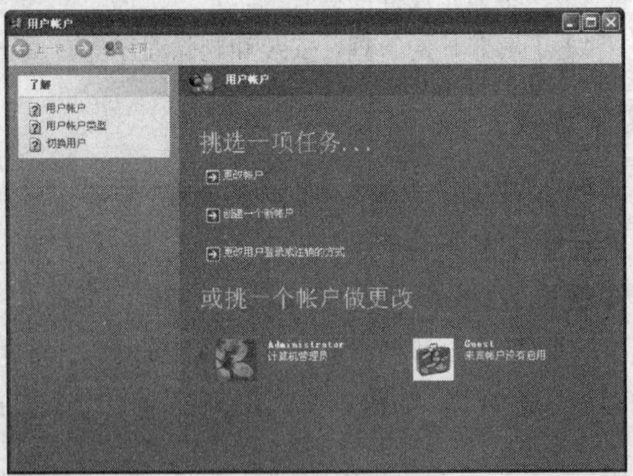

图 6-5 “用户账户”窗口

步骤 5 双击 图标，或者在任务栏的最右方双击当前时间的图标，可以打开“日期和时间属性”对话框，如图 6-6 所示，将当前日期更改为“2008 年 5 月 12 日”。

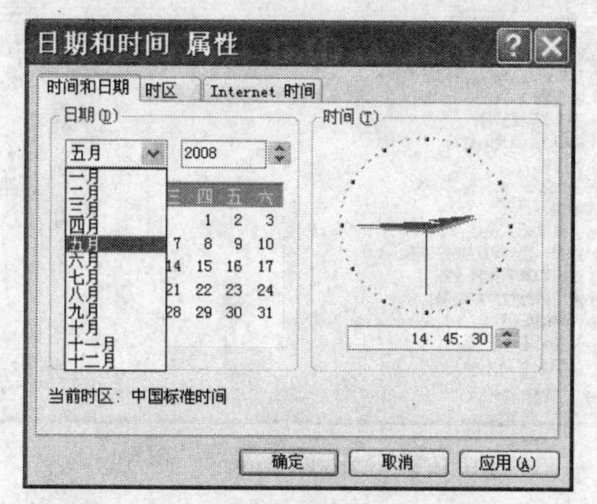

图 6 6 “日期和时间属性”对话框

步骤 6 双击 图标，打开“添加或删除程序”窗口，如图 6-7 所示，根据使用频率将计算机里已安装的程序进行排序，并删除一个没有使用的程序。

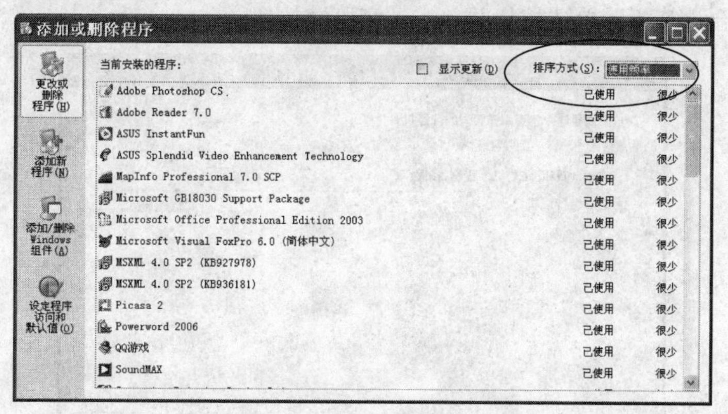

图 6-7 添加或删除程序窗口

*实验七 设备管理器与任务管理器

【实验目的和要求】

（1）认识 Windows XP 操作系统对计算机系统资源管理的功能；

（2）利用设备管理器在 Windows XP 操作系统中查看和管理各种设备；

（3）掌握任务管理器的使用方法。

【实验步骤】

1. 设备管理器的使用

通常情况下，我们可以使用设备管理器来检查计算机上的硬件设备并更新设备驱动程序。

步骤 1 在本地打开设备管理器的操作方式：右击“我的电脑”，在弹出的快捷菜单中选择“管理”→“设备管理器”命令。“设备管理器”窗格将显示在窗口右侧，如图 7-1 所示。

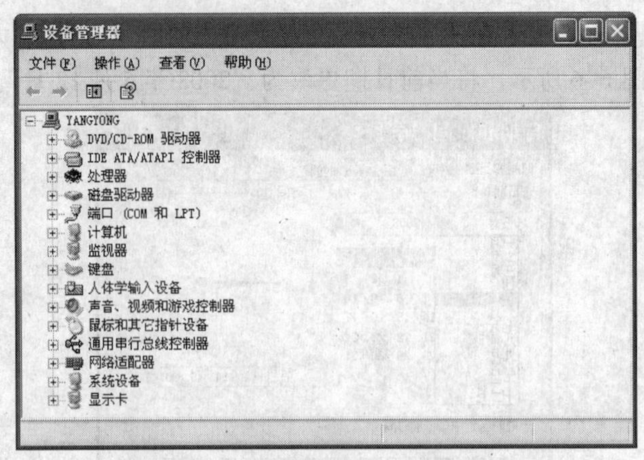

图 7-1 “设备管理器”窗格

步骤 2 在远程计算机上访问设备管理器的操作步骤：依次选择“开始”→“运行”命令，在“运行”文本框中输入“mmc”。Microsoft 管理控制台将被打开。选择“文件”→“添加/删除管理控制单元”→“添加”→“设备管理器”命令，打开“设备管理器”对话框，如图 7-2 所示，选择“另一台计算机”单选按钮并单击“浏览”按钮。

图 7-2 通过设备管理器管理远程计算机

步骤 3 在“设备管理器”窗口中查看特定设备状态：打开“设备管理器”窗口，双击所希望查看的设备类型，右击所希望查看的特定设备，在随后出现的快捷菜单中选择“属性”命令，如图 7-3 所示，显示键盘的属性。在“常规”选项卡上，“设备状态”区域内所显示的即为该设备的状态描述信息。

如果某种设备出现问题，问题类型将被显示出来。同时，还将看到问题代码、编码及建议解决措施。如需获取更多关于如何解决硬件设备问题的信息，请单击“疑难解答”按钮。

步骤 4 更新某种设备的驱动程序：打开“设备管理器”窗口，双击希望查看的设备类型，右击希望查看的特定设备，在弹出的快捷菜单中选择“属性”命令，在“驱动程序”选项卡中，选择“更新驱动程序”选项。

步骤 5 启用某种设备的操作步骤：打开“设备管理器”窗口，双击希望查看的设备类型，右击希望启用的设备，在弹出的快捷菜单中选择“启用”命令。

步骤 6 卸载某种设备的操作步骤：打开“设备管理器”窗口，双击希望查看的设备类型，右击希望启用的设备，在弹出的快捷菜单中选择“卸载”命令，在“确认设备删除”对话框中，单击“确定”按钮。完成设备卸载操作后，请关闭计算机，并从计算机上拆卸相应设备。

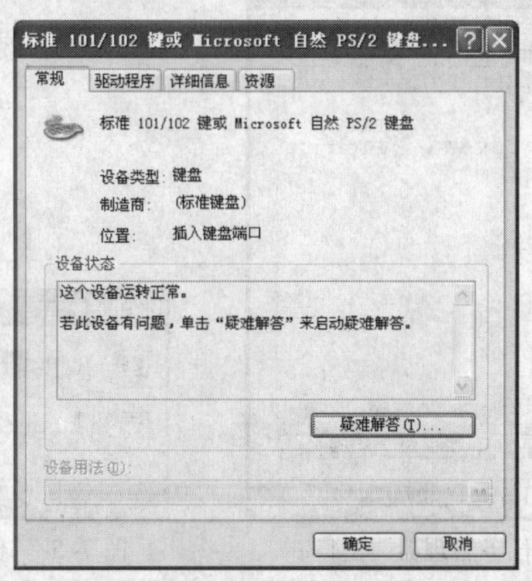

图 7-3　查看特定设备状态

说明：无需经常使用设备管理器来卸载即插即用设备，只需从计算机上直接拆下即插即用设备即可。此后，可能需要重新启动计算机。如需获取更多相关信息，请查看设备制造商所提供的使用说明。

2. 任务管理器的使用

使用任务管理器可以非常方便地查看和管理计算机上所运行的程序。

步骤 1　可以使用以下两种方法启动任务管理器：按【Ctrl+Alt+Delete】组合键，在弹出的“Windows 安全”对话框中单击“任务管理器”按钮。或者右击桌面的任务栏，在弹出的快捷菜单中选择“任务管理器”命令。任务管理器启动后，出现“Windows 任务管理器”窗口，如图 7-4 所示。在该窗口中，可以查看和管理计算机上所运行的程序。

步骤 2　使用任务管理器在运行的程序之间进行切换：① 在“Windows 任务管理器”窗口中选择“应用程序”选项卡，该选项卡中显示正在运行的应用程序名。② 单击要切换为前台的应用程序名，并单击“切换至”按钮，任务管理器将最小化至任务栏，该应用程序则成为当前窗口。

步骤 3　使用任务管理器启动新的应用程序：① 要启动新的应用程序，在“Windows 任务管理器”窗口中选择“应用程序”选项卡。② 单击“新任务”按钮，出现“创建新任务”对话框，如图 7-5 所示。③ 在“打开”组合框中输入或选择要启动的应用程序名，或通过“浏览”按钮查找要执行的应用程序名，来启动新的应用程序。

步骤 4　使用任务管理器终止应用程序：① 在“Windows 任务管理器”窗口中选择“应用程序”选项卡，该选项卡中显示正在运行的应用程序名。② 单击要关闭的应用程序名，并单击“结束任务”按钮。

步骤 5　通过任务管理器查看或终止正在运行的进程：要观察正在运行的进程，在“Windows 任务管理器”窗口中选择“进程”选项卡，该选项卡中显示正在运行的进程名、进程 ID、CPU 及内存使用情况等，如图 7-6 所示。要终止正在运行的进程，在“进程”选项卡中选择该进程，单击“结束进程”按钮，便关闭该应用程序。

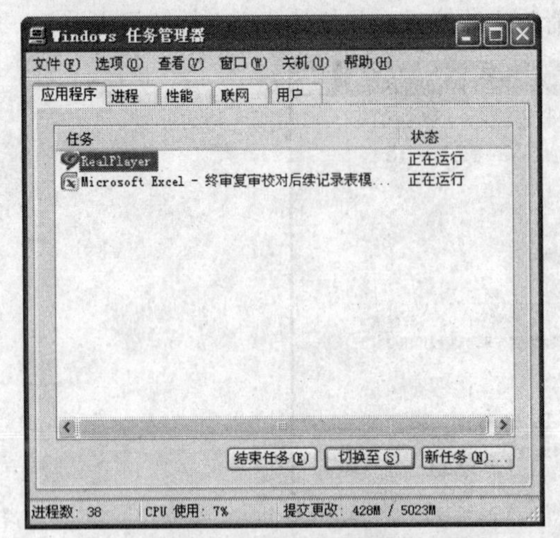

图 7-4 “Windows 任务管理器”窗口

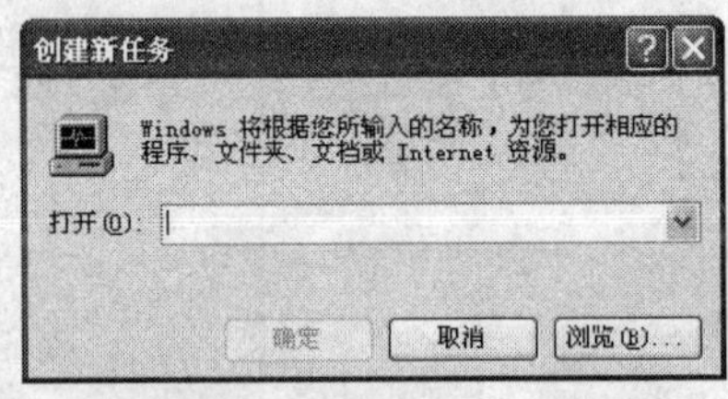

图 7-5 “创建新任务”对话框

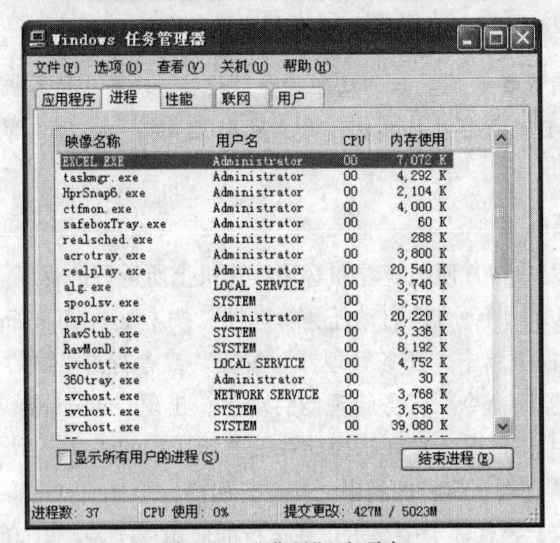

图 7-6 “进程”选项卡

注意：在死机的情况下，许多用户采取的措施是关闭计算机电源，重新启动。实际上死机往往是内存溢出造成的。在死机的情况下，可以启动任务管理器，用结束任务的方式关闭该应用程序。

实验八　Word 的文字编辑

【实验目的和要求】

（1）了解 Word 窗口的组成，掌握文档的建立、保存与打开；

（2）通过对给定短文的录入操作，使学生掌握文本内容的选定与编辑；

（3）通过对短文的格式编辑操作，使学生熟练掌握字符和段落的格式化；

（4）掌握文本的查找和替换。

【实验步骤】

1. 在 Word 中录入“求职信”文档

步骤 1　选择“开始”→“所有程序”→“Microsoft Office”→“Microsoft Office Word 2003”命令，启动 Word 2003。

步骤 2　在默认新建的“文档 1”的编辑区中输入标题“求职信”，并将其居中。

步骤 3　按【Enter】键换行，输入正文，效果如图 8-1 所示。

求职信

××广告的各位领导：

我叫××，今年 22 岁，是××××艺术学院平面设计系的应届毕业生。

贵公司是闻名遐迩的广告公司，我慕名已久。当看到贵公司的“招聘启事”，更鼓舞了我的求职信心，我渴望能为贵公司服务，为公司效力。

我在校学习期间，注意思想品德修养，严格要求自己，积极参加社会实践活动，学习成绩优秀，3 次获得优秀学生奖学金。我性格开朗，热情诚实，爱好广泛，曾获大学生歌咏比赛通俗唱法二等奖。我历任副班长、团支部委员、学生会宣传部总长等职。我工作热情肯干，交际广泛，还利用假期搞社会调查和兼职工作，积累了一些社会工作经验。

望贵公司能提供一个机会给我，为公司的发展贡献一份力量。

应聘人：××

附：简历表 1 份，成绩单 1 份

联系地址：长天路 14 号

邮编：610×××

电话：1388××××××3

图 8-1　“求职信”文档

步骤 4　选择“文件”→“保存”命令，打开“另存为”对话框，在“保存位置”下拉列表框中选择“我的文档”选项，在“保存类型”下拉列表框中选择“Word 文档”选项，在“文件名”文本框中输入“求职信”，单击“保存”按钮。然后关闭该文档。

2. 对“求职信”文档进行简单格式化

简单格式化后的效果如图 8-2 所示，具体步骤如下：

步骤 1　在 Word 中选择“文件”→“打开”命令，打开刚才建立的“求职信”文档。

步骤 2　将“我性格开朗，热情诚实……”另起一段。

步骤 3　将光标定位于“应聘人：××”的下一行，选择“插入”→“日期和时间”命令，插入当天的日期（格式为“××××年××月××日”），并将该行及“应聘人：××”一行设置为右对齐。

步骤 4　将第二自然段“××××艺术学院平面设计系”几个字复制粘贴到“成绩单 1 份”的前面。

步骤 5　利用“编辑”→“替换”命令，将文章中的“我”全部替换为“本人”。

步骤 6　选中标题“求职信”几个字，选择“格式”→“字体”命令，打开“字体“对话框，在“字体”选项卡中，将这几个字设置为黑体、三号、加粗、红色；在“字符间距”选项卡中，将间距设为“加宽”、“3磅”。

求职信

××广告的各位领导：

本人叫××，今年22岁，是××××艺术学院平面设计系的应届毕业生。

贵公司是闻名遐迩的广告公司，本人慕名已久。当看到贵公司的“招聘启事”，更鼓舞了本人的求职信心，本人渴望能为贵公司服务，为公司效力。

本人在校学习期间，注意思想品德修养，严格要求自己，积极参加社会实践活动，学习成绩优秀，3次获得优秀学生奖学金。

本人性格开朗，热情诚实，爱好广泛，曾获大学生歌咏比赛通俗唱法二等奖。本人历任副班长、团支部委员、学生会宣传部总长等职。本人工作热情肯干，交际广泛，还利用假期搞社会调查和兼职工作，积累了一些社会工作经验。

望贵公司能提供一个机会给本人，为公司的发展贡献一份力量。

应聘人：××

2008年6月11日

附：简历表1份，××××艺术学院平面设计系成绩单1份

联系地址：长天路14号

邮编：610×××

电话：1388××××××3

图8-2 简单格式化后的“求职信”文档

步骤7 将整篇文章全部选中，选择“格式”→“段落”命令，在“缩进和间距”选项卡中，将“特殊格式”设置为“首行缩进”、“2字符”；并将“行距”设为1.5倍行距；单击“确定”命令。

步骤8 选择“文件”→“另存为”命令，打开“另存为”对话框，在“保存位置”下拉列表框中选择“桌面”选项，在“保存类型”下拉表框中选择“Word文档”选项，在“文件名”文本框中输入自己的姓名，单击“保存”按钮。最后将以自己姓名为文件名的作业提交。

实验九 Word的格式设置

【实验目的和要求】

选用一首唐诗，进行各种格式设置，以达到掌握Word中的特殊格式设置的目的，具体设置要求如下：

（1）项目符号与编号的设置；

（2）应用于文字或段落的边框和底纹的设置；

（3）中文版式、文档背景的设置等。

【实验步骤】

步骤 1　启动 Word 2003，输入一首唐诗，如图 9-1 所示。

月下独酌
李　白
花间一壶酒，独酌无相亲。
举杯邀明月，对影成三人。
月既不解饮，影徒随我身。
暂伴月将影，行乐须及春。
我歌月徘徊，我舞影凌乱。
醒时同交欢，醉后各分散。
永结无情游，相期邈云汉。

图 9-1　输入唐诗

步骤 2　选中全篇文章，在“格式”工具栏上单击“居中”按钮，将对齐方式设为居中。

步骤 3　将“月下独酌”设为“黑体”、“四号”、“加粗”，选中第 2 行，将“段后间距”设为“0.5 行”。

步骤 4　选中本唐诗的正文部分（即第 3～9 行），选择“格式”“项目符号与编号”命令，选择“项目符号”选项卡中的“➢”样式，单击“确定”按钮。

步骤 5　选中“月下独酌”四个字，选择“格式”→“中文版式”→“拼音指南”命令，将“对齐方式”设为“居中”，将“字号”设为“9 磅”，单击“确定”按钮。效果如图 9-2 所示。

yuè xià dú zhuó
月下独酌
李　白
➢ 花间一壶酒，独酌无相亲。
➢ 举杯邀明月，对影成三人。
➢ 月既不解饮，影徒随我身。
➢ 暂伴月将影，行乐须及春。
➢ 我歌月徘徊，我舞影凌乱。
➢ 醒时同交欢，醉后各分散。
➢ 永结无情游，相期邈云汉。

图 9-2　设置格式后的唐诗

步骤 6　选中全篇文章，选择“格式”→“边框和底纹”命令，在“边框”选项卡中，将样式选择为“方框”、颜色为“黑色”、宽度为“3 磅”、“应用于段落”；在“底纹”选项卡中，将颜色选择为“灰色-20%”、“应用于文字”；单击“确定”按钮。

步骤 7　最后，选择“格式”→“背景”→“水印”命令，打开“水印”对话框，选择“文字水印”选项，在“文字”文本框中输入“李白作品”，字体改为“楷体”，颜色设为“红色”、“半透明”，单击“确定”按钮，观察修改后的变化，如图 9-3 所示。

步骤 8 最后保存文件，并退出 Word 程序。

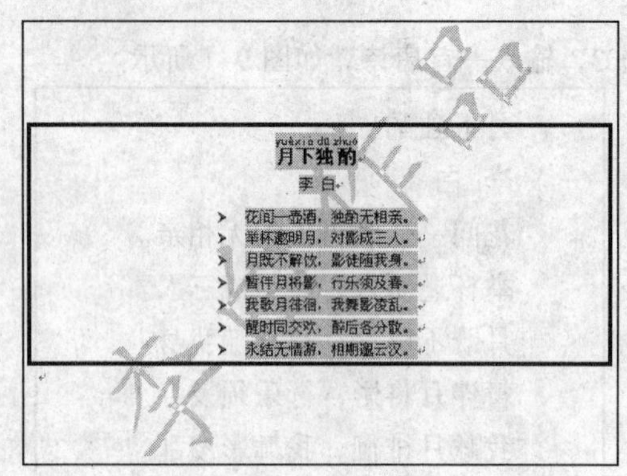

图 9-3 设置文档背景的唐诗

实验十 Word 中插入图形图片

【实验目的和要求】

（1）掌握文本框、艺术字、剪贴画及自选图形的编辑方式；

（2）掌握图形组合、页面边框设置的方式；

（3）通过本次实验，使读者掌握 word 文档中各类图片素材与文字的混合排版方式，了解 Word 文档图文排版的特点；

（4）实验最终效果：

① 启动 Word，新建文档，以“喜迎奥运明信片.doc”保存。

② 编辑页面和插入图片。插入图片到文档中，并将页面尺寸调整为 165mm×102mm。

③ 设置图片大小及版式。图片覆盖整个页面并将“文字环绕”设为“衬于文字下方”。

④ 设计艺术字。输入艺术字“为中国队助威奥运”，并设置其格式。输入艺术字“努力拼搏勇夺桂冠”，并设置其格式。

⑤ 插入并编辑文本框。插入竖排文本框，在文本框中输入“——献给中国奥运健儿”，设置字体为楷体，字号为三号字，并移动文本框到页面右上角；插入竖排文本框，在文本框中输入“制作：张三”，设置字体为楷体，字号为四号字，并移动文本框到页面左下角。

⑥ 插入并编辑自选图形和剪贴画。利用自选图形中的椭圆工具绘制奥运五环标志。

⑦ 组合图形。将上述使用到的图形元素组合。

⑧ 设置页面边框。

编辑完成后的“喜迎奥运明信片.doc”文档如图 10-1 所示：

图 10-1 “喜迎奥运明信片”文档

【实验步骤】

1. 建立 Word 文档

步骤 1 选择“开始”→“所有程序”→“Microsoft Office”→“Microsoft Office Word 2003”命令或双击桌面上的快捷图标，启动 Word。

步骤 2 选择“文件”→“新建”命令或单击“常用”工具栏中的“新建”按钮，打开“新建文档”任务窗格，单击“新建”区域中的“空白文档”超链接，如图 10-2 所示。

步骤 3 选择“文件”→“保存”命令或单击“常用”工具栏中的“保存”按钮，打开“另存为”对话框。

步骤 4 在“保存位置”下拉列表框中选择合适的保存目录，在“文件名”文本框中输入“喜迎奥运明信片”，在“保存类型”下拉列表框中选择“Word 文档”，如图 10-3 所示，单击“保存”按钮。

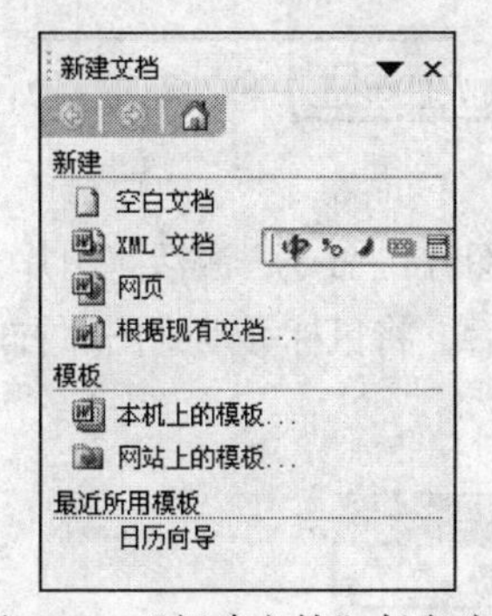

图 10-2 “新建文档”任务窗格

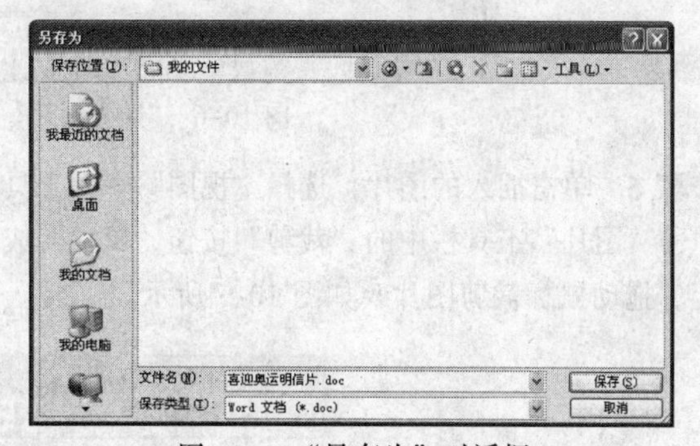

图 10-3 “另存为”对话框

2. 编辑页面和插入图片

步骤 1 选择“文件”→“页面设置”命令，打开“页面设置”对话框。

步骤 2 选择“纸张”选项卡，将“宽度”设置为“16.5 厘米”，“高度”设置为“10.2 厘米”，如图 10-4 所示。

步骤 3 选择“页边距”选项卡，将“页边距”中的“上”、“下”、“左”、“右”均设置为“0.8 厘米”，如图 10-5 所示，单击“确定”按钮。

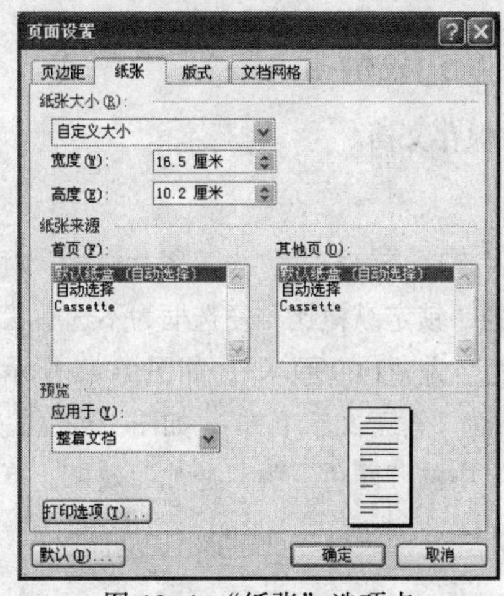

图 10-4 “纸张”选项卡

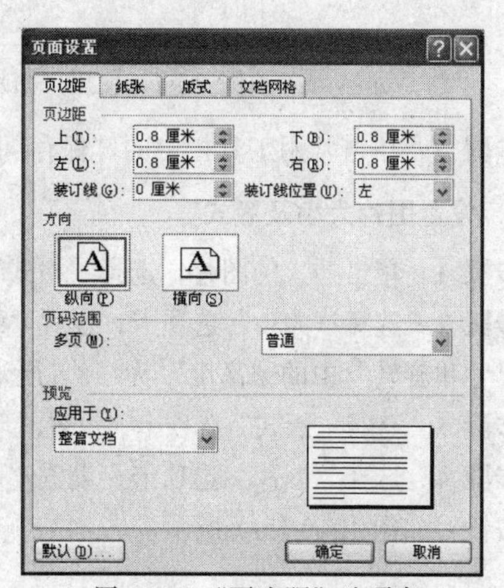

图 10-5 “页边距”选项卡

步骤 4 选择“插入”→“图片”→“来自文件”命令，打开“插入图片”对话框。

步骤 5 在“插入图片”对话框的“查找范围”下拉列表框中选择图片文件所在的文件夹，在文件列表中选取需要插入的图片文件，如图 10-6 所示，单击“插入”按钮，则图片插入到文档中。

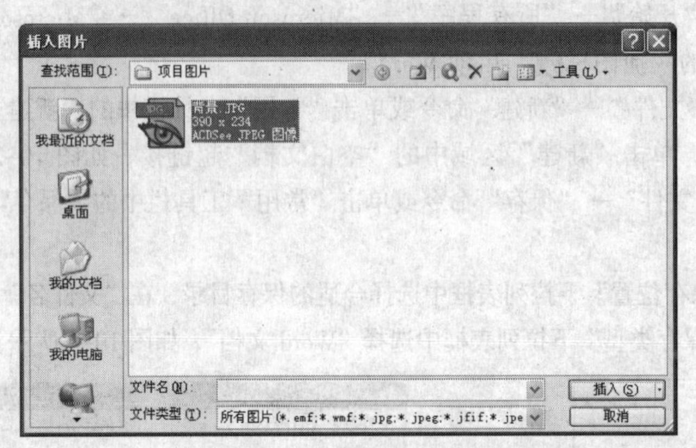

图 10-6 “插入图片”对话框

步骤 6 单击插入的图片，选择“视图”→“工具栏”→“图片”命令，激活“图片”工具栏，单击“图片”工具栏中的“裁剪”按钮，鼠标变成裁剪形状后，将鼠标移动到图片右边的选择块上，拖动鼠标裁剪图片，如图 10-7 所示。

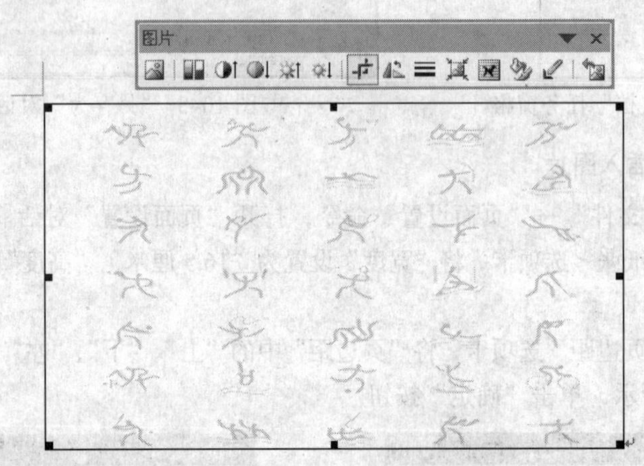

图 10-7 使用“图片”工具栏中的“裁剪”工具

步骤 7 单击常用工具栏中的“保存”按钮，保存文档。

3. 设置图片大小及版式

步骤 1 单击插入的图片，选择“格式”→“图片”命令，打开“设置图片格式”对话框。

步骤 2 选择“大小”选项卡，设置“缩放”中的“锁定纵横比”复选框为不选中状态，设置“尺寸和旋转”中的“高度”为“8.6 厘米”，“宽度”为“14.9 厘米”，如图 10-8 所示。

步骤 3 选择“版式”选项卡，设置“环绕方式”为“衬于文字下方”，如图 10-9（a）所示。

步骤 4 选择“图片”选项卡，设置“图像控制”中的“颜色”为“冲蚀”效果，单击“确定”按钮，如图 10-9（b）所示。

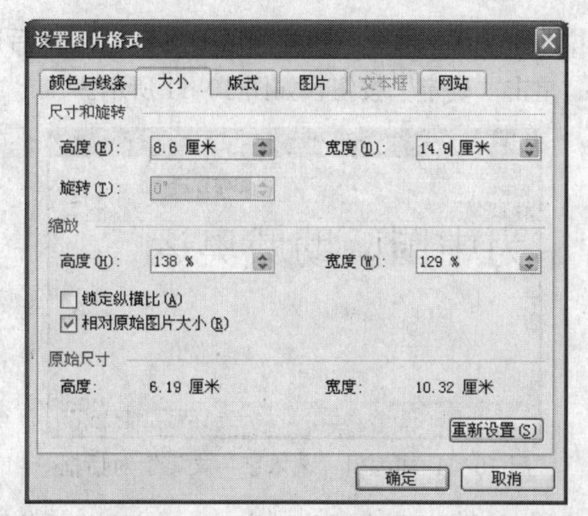

图 10–8 “大小”选项卡

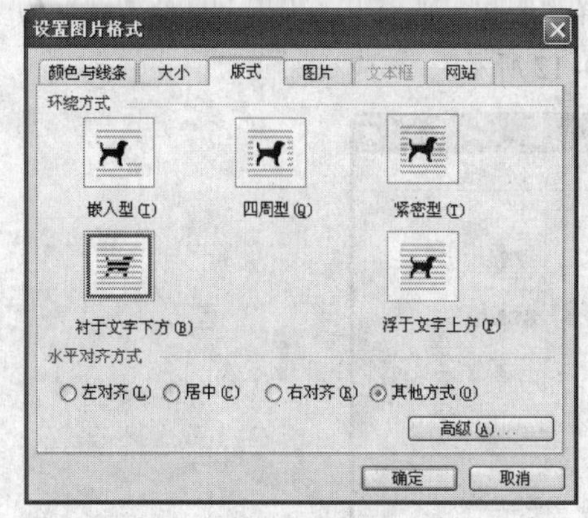

图 10–9（a）“版式”选项卡

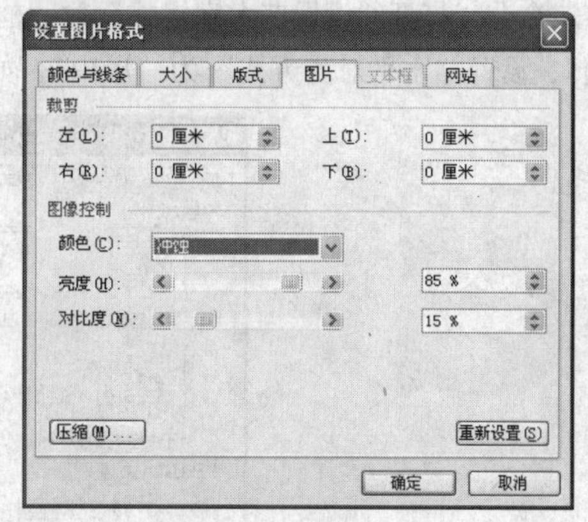

图 10–9（b）“图片”选项卡

步骤 5　单击“常用”工具栏中的“保存”按钮，保存文档。

4．设计艺术字

步骤 1　选择“插入”→“图片”→“艺术字”命令，打开“艺术字库”对话框，如图 10–10 所示，选择第四行第二列“艺术字”样式，单击“确定”按钮，出现“编辑‘艺术字’文字”对话框。

图 10–10 “艺术字库”对话框

步骤 2　在“文字”文本框中输入文字“为中国队助威奥运”，然后选中文字，在“字体”下拉列表框中选择“宋体”，单击“确定”按钮，如图 10–11 所示。

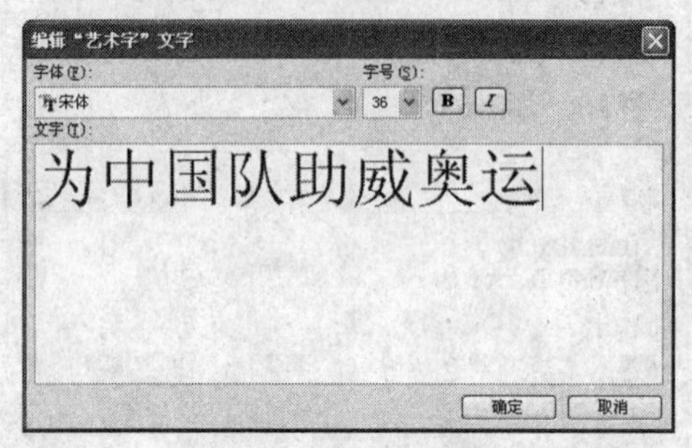

图 10–11　“编辑‘艺术字’文字”对话框

步骤 3　选中“为中国队助威奥运”艺术字，拖动艺术字到合适位置，选择“格式”→“艺术字”命令，打开“设置艺术字格式”对话框，选择“版式”选项卡，设置“环绕方式”为“四周型”，设置“水平对齐方式”为“居中”，如图 10–12 所示。

图 10–12　“版式”选项卡

步骤 4　选择“大小”选项卡，设置“缩放”中的“锁定纵横比”复选框为不选中状态，设置“尺寸和旋转”中的“高度”为“1.5 厘米”，“宽度”为“10.5 厘米”，单击“确定”按钮，如图 10–13 所示。

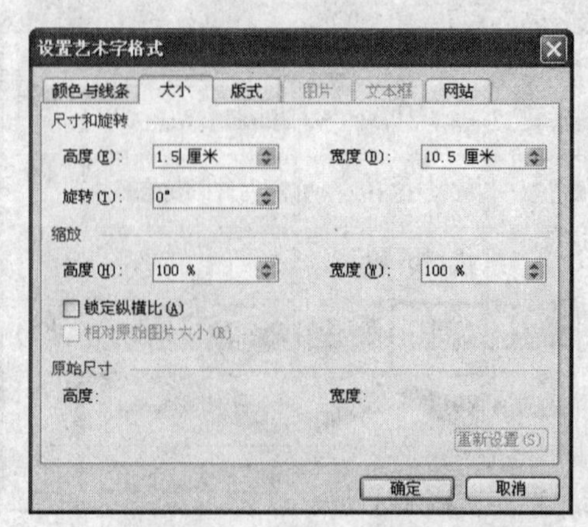

图 10–13　“大小”选项卡

步骤 5 单击“绘图”工具栏中的“阴影样式”按钮，选择阴影样式，如图 10-14 所示。

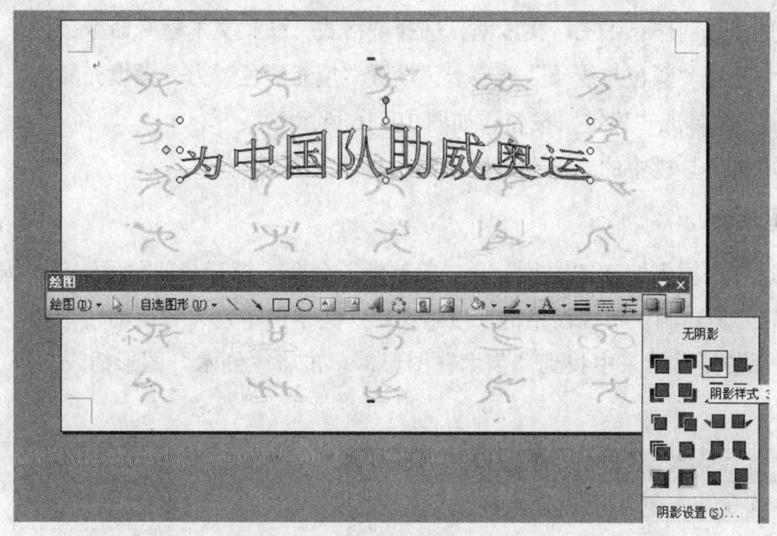

图 10-14 设置艺术字阴影样式

步骤 6 重复步骤 1～4，设置艺术字“努力拼搏　勇夺桂冠”，并自行设置其格式。

步骤 7 单击工具栏中的“保存”按钮，保存文档。

5. 插入文本框并进行编辑

步骤 1 选择“插入”→“文本框”→“竖排”命令，在页面右上角单击，插入文本框，并在文本框输入“－献给中国奥运健儿”，设置“字体”为“楷体”，“字号”为“三号字”，用鼠标拖动调整文本框到合适位置。

步骤 2 选择“插入”→“文本框”→“竖排”命令，在页面左下角单击，插入文本框，并在文本框中输入“制作：张三”，设置“字体”为“楷体”，“字号”为“四号字”，用鼠标拖动调整文本框到合适位置，如图 10-15 所示。

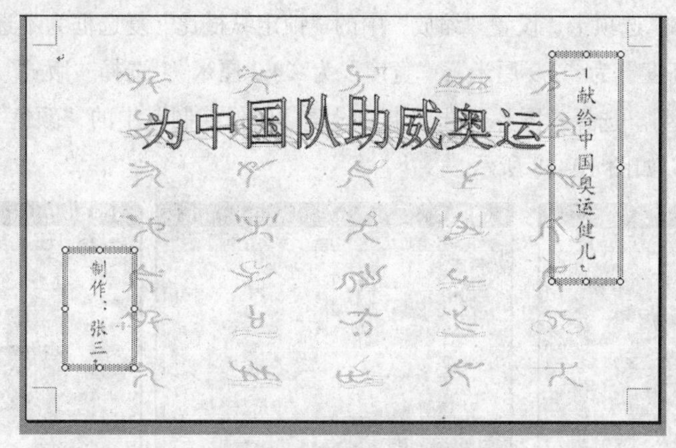

图 10-15 设置竖排文本框

步骤 3 选择“－献给中国奥运健儿”文本框，选择“格式”→“文本框”命令，打开“设置文本框格式”对话框，选择“颜色与线条”选项卡，设置“填充颜色”为“无填充颜色”，“线条颜色”为“无线条颜色”，单击“确定”按钮。

步骤 4 选择“制作：张三”文本框，选择“格式”→“文本框”命令，打开“设置文本框格式”对话框，选择“颜色与线条”选项卡，设置“填充颜色”为“无填充颜色”，“线条颜色”为“无线条颜色”，单击“确定”按钮，如图 10-16 所示。

步骤 5 单击工具栏中的“保存”按钮，保存文档。

6. 插入剪贴画

步骤 1 选择“插入”→“图片”→“剪贴画”命令，打开“剪贴画”任务窗格。

步骤 2 在“剪贴画”任务窗格的“搜索文字”文本框中输入“运动”，单击“搜索”按钮，在任务窗格下部的搜索结果中找到“剑术”图形，单击将“剑术”图形插入文档，如图 10-17 所示。

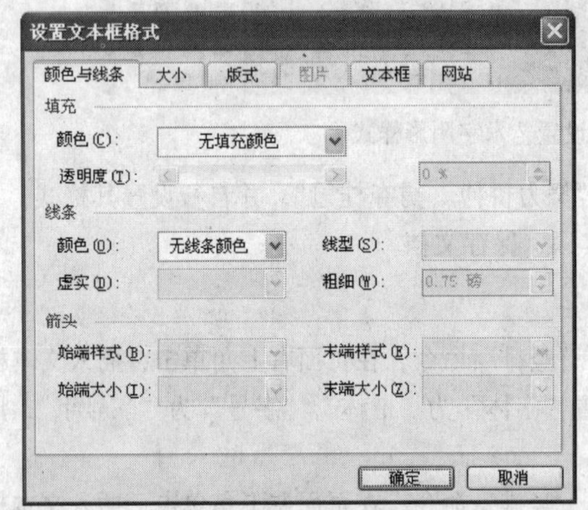

图 10-16 “设置文本框格式”对话框中的“颜色与线条”选项卡

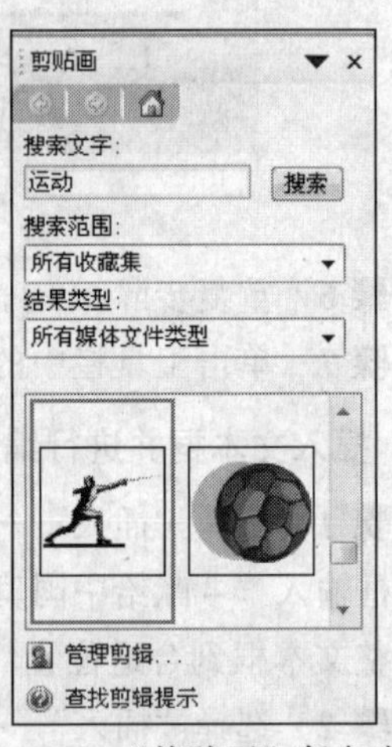

图 10-17 “剪贴画”任务窗格

步骤 3 单击插入的“剑术”图片，选择“格式”→“图片”命令，打开“设置图片格式”对话框，选择“大小”选项卡，设置“缩放”中的“锁定纵横比”复选框为不选中状态，设置“尺寸和旋转”中的“高度”为“2.9 厘米”，“宽度”为“4.9 厘米”。选择“版式”选项卡，设置“环绕方式”为“四周型”。选择“图片”选项卡，设置“图像控制”中的“颜色”为“冲蚀”效果，单击“确定”按钮，如图 10-18 所示。

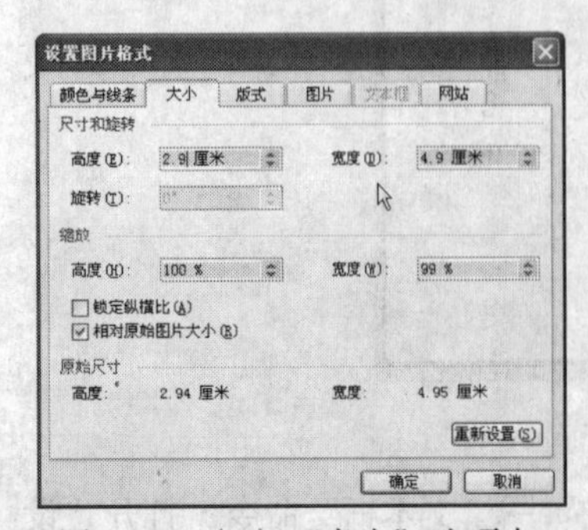

图 10-18（a）“大小”选项卡

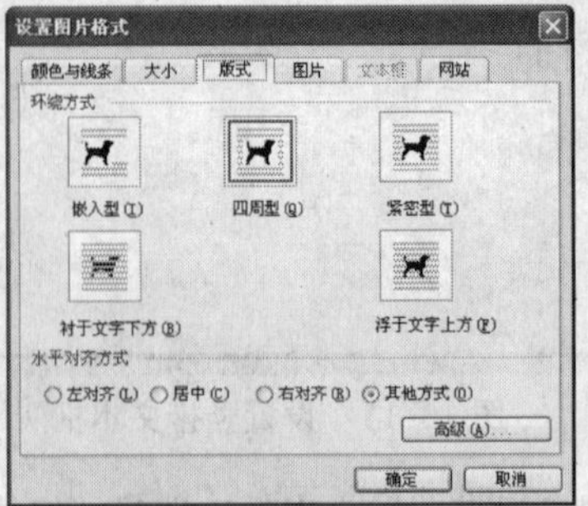

图 10-18（b）“版式”选项卡

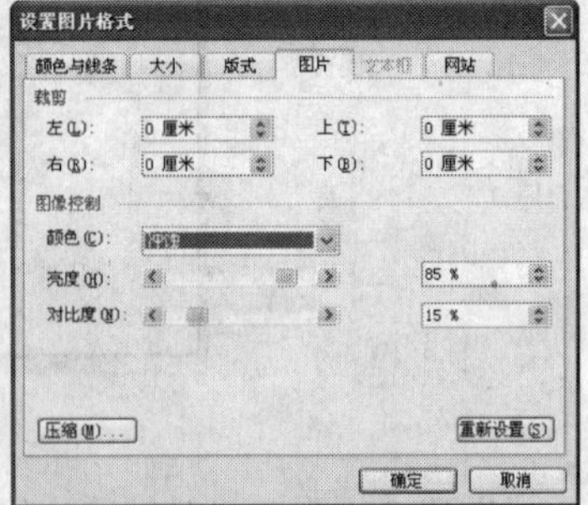

图 10-18（c）“图片”选项卡

步骤 4 按住【Ctrl】键拖动“剑术”图形，复制出一个“剑术”图形，向左拖动复制出的“剑术”图形右边的控制柄，拖动至图形左边线以外，实现图片的水平翻转，按步骤 3 设置该图形的“大小”、“版式”、“图片”格式。用鼠标调整两个剑术图形位置，如图 10-19 所示。

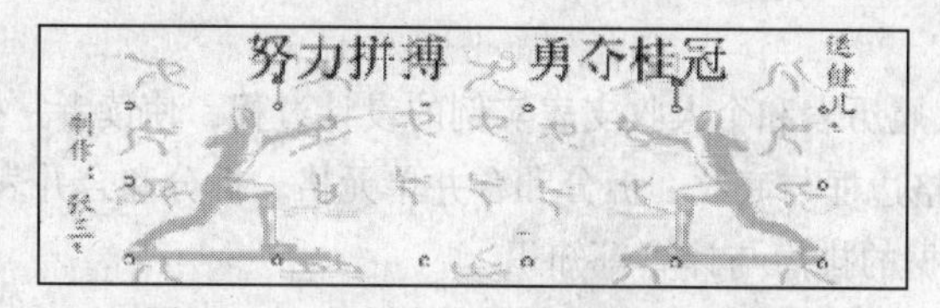

图 10-19 “剑术”剪贴画编辑后效果

步骤 5 单击工具栏中的“保存”按钮，保存文档。

7．组合图形

步骤 1 组合自选图形，按住【Ctrl】键用鼠标分别选中文档中的各个图形元素，右击，在弹出的快捷菜单中选择“组合”→“组合”命令，如图 10-20 所示。

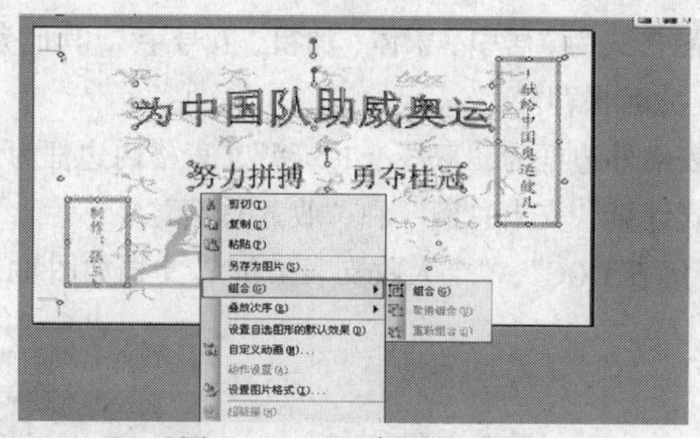

图 10-20 组合图形元素

步骤 2 单击工具栏中的“保存”按钮，保存文档。

8．设置页面边框

步骤 1 选择“格式”→“边框和底纹”命令，打开“边框和底纹”对话框。

步骤 2 选择“页面边框”选项卡，选择“艺术型”下拉列表框中的一种，单击“确定”按钮，如图 10-21 所示。

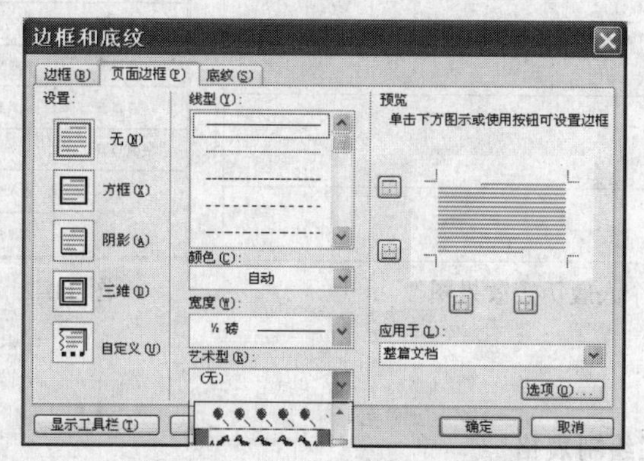

图 10-21 “边框和底纹”选项卡

步骤 3 单击工具栏中的“保存”按钮，保存文档。

实验十一　Word 的表格操作

【实验目的和要求】

（1）本节通过个人履历表和个人收支表实例的设计过程，使读者掌握创建表格、编辑表格、设置表格格式、设置表格边框与底纹、拆分和合并单元格、拆分和合并表格、绘制斜线表头、设置表格属性、表格内数据的排序与计算等知识。

（2）最终设计效果：

① 绘制表格。打开 Word 2003，在 A4 纸中绘制样式表格，调整相应的行高列宽，设置第 1～5 行行高为 0.8cm，整张表在 A4 纸中居中，采用“个人履历表.DOC”为名保存。

② 编辑和设置表格内容。输入相应的内容，表格中的文字全部居中对齐，设置栏题格式为“宋体、加粗、五号字”，其他为“楷体、常规、五号字”，设置标题“个人履历表”为居中、“小一号字”。

③ 绘制表格，编辑表格。启动 Word2003，在 A4 纸中绘制如下表格，调整相应的行高列宽，输入相应的内容，设置栏题格式为“居中、宋体、加粗、五号字”，其他为“宋体、常规、五号字”，采用“个人收支表.DOC”为名保存。

④ 修饰表格。设置表格外边框为“双线、1.5 磅”，表格内边框为“单线、0.5 磅”。

⑤ 公式计算。用公式计算“支出总额”和“收入总额”。

编辑完成的“个人履历表.DOC”、“个人收支表.DOC”文档如图 11-1 和 11-2 所示：

个人履历表

姓　名	张学霖	性　别	男	出生年月	1983 年 1 月	照片
籍　贯	四川省绵阳市	民　族	汉	身　高	178CM	
专　业	计算机科学与技术	政治面貌	中共党员	健康状况	良好	
毕业学校	四川成才职业技术学院			学历学位	本科 学士	
通讯地址	四川成才职业技术学院			邮政编码	621000	
教育状况	1998-2001 年　绵阳中学　中学 2001-2005 年　四川成才职业技术学院　本科					
专业特长	擅长 Java、C/C++、Power Builder、Delphi 等开发工具。 熟悉 Oracle、SQL Sever、Sybase 等数据库。 具有三年以上的软件开发、管理经验。					
工作经历	2004.7-2004.11　绵阳新家美装饰公司　美工 2005.7-2006.6　绵阳天祥电脑公司　技术员 2007.7-2008.7　成都溢美科技有限公司　程序员					
联系方式	Tel：138****1234 Email：zhangxuelin1983@163.com QQ：12345678					

图 11-1　个人履历表效果图

四月收支表（单位：元）				
收支项目 / 日期	收入项目	收入金额	支出项目	支出金额
4 月 1 日	工资	2500		
4 月 3 日			逛街	300
4 月 3 日			购买资料	145
4 月 3 日			水电费	556
4 月 5 日			清明祭祖	88
4 月 8 日	网店销售	800		
4 月 10 日			网店进货	900
4 月 10 日			请客吃饭	250
4 月 12 日	网店销售	765		
4 月 15 日	奖金	1000		
4 月 16 日			房租	600
统计	收入总额	5065		
	支出总额	2839		

图 11-2　个人收支表效果图

【实验步骤】

1. 采用表格工具栏绘制表格

步骤 1　打开 Word 2003，选择“文件”→“页面设置”命令，打开“页面设置”对话框，在“页面设置”对话框中，单击“页边距”选项卡，选择“方向”选项区中的“纵向”。单击“纸型”选项卡，在“纸型”列表框中选择“A4”，如图 11-3（a），图 11-3（b）所示。

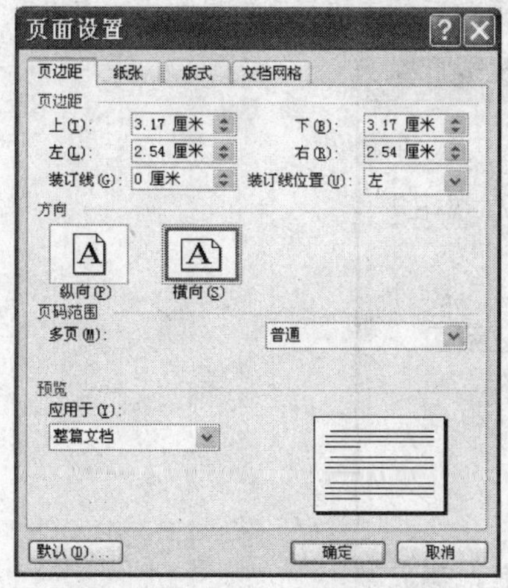

图 11-3（a）“页边距”选项卡

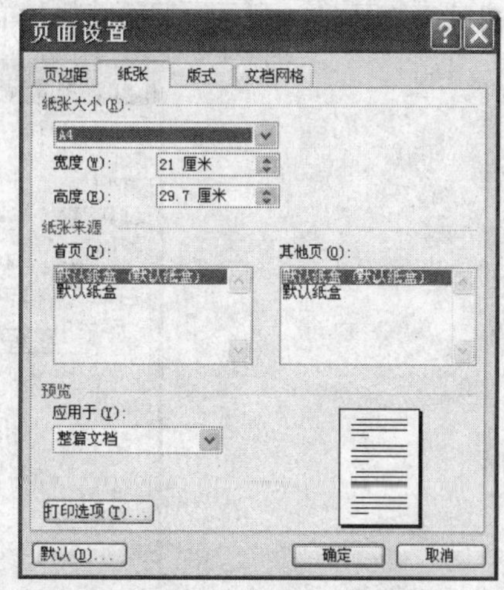

图 11-3（b）“纸张”选项卡

步骤 2 输入标题“个人履历表”，按【Enter】键，选择“表格”→“绘制表格”命令，出现“表格和边框”工具栏，如图 11-4 所示。

图 11-4 表格和边框

步骤 3 单击工具栏 图标，鼠标变成笔的形状，在页面左上角标题下方单击鼠标并拖动，直至表框大致铺满页面时松开鼠标。

步骤 4 在表格边框中单击并拖动鼠标绘制表格的各行，将鼠标指向表格行的上下边线，待变成上下箭头形状后拖动鼠标以调整各单元格的行高，如图 11-5 所示。

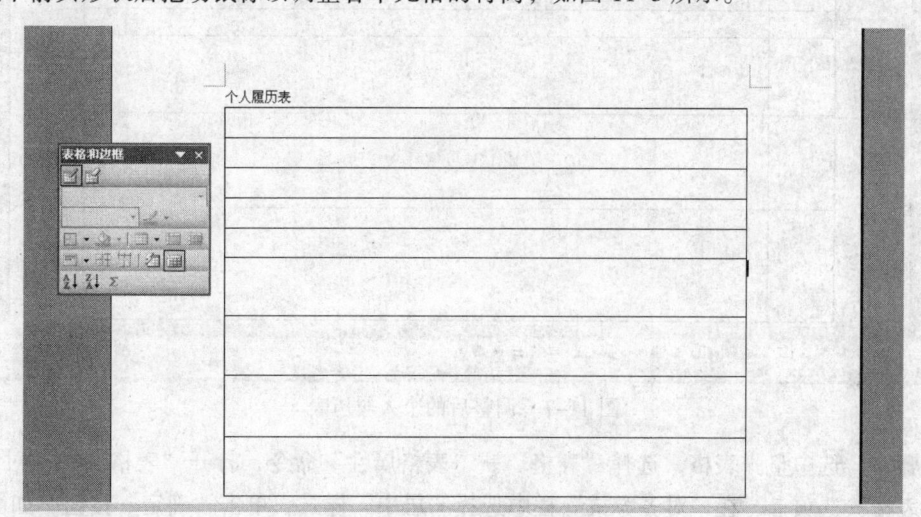

图 11-5 个人履历表雏形

步骤 5 选中第 1～5 行，选择“表格”→“表格属性”命令，出现“表格属性”对话框，单击“行”选项卡，选择“指定高度”选项，在“指定高度”数值框中输入“0.8 厘米”，单击“确定”按钮，如图 11-6 所示。调整其他各单元的行高，调整后的表格行高效果如样式表格。

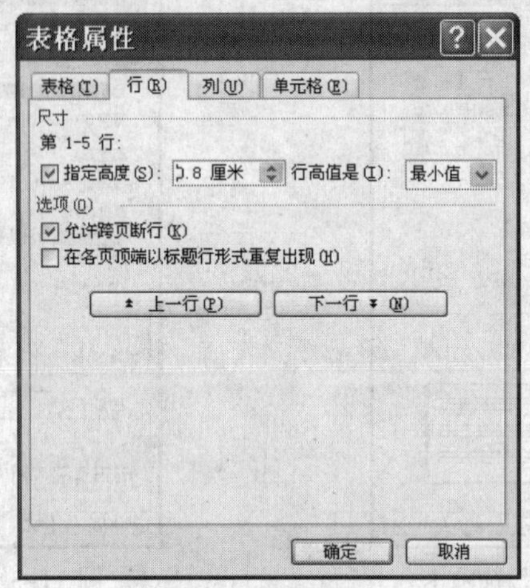

图 11-6 “行”选项卡

步骤 6 在“表格和边框”工具栏中单击“绘制表格”按钮，在表格边框上单击并拖动鼠标，划分出列向单元格。如图 11-7 所示。调整各单元的列宽，调整后的表格列宽效果如样式表格。

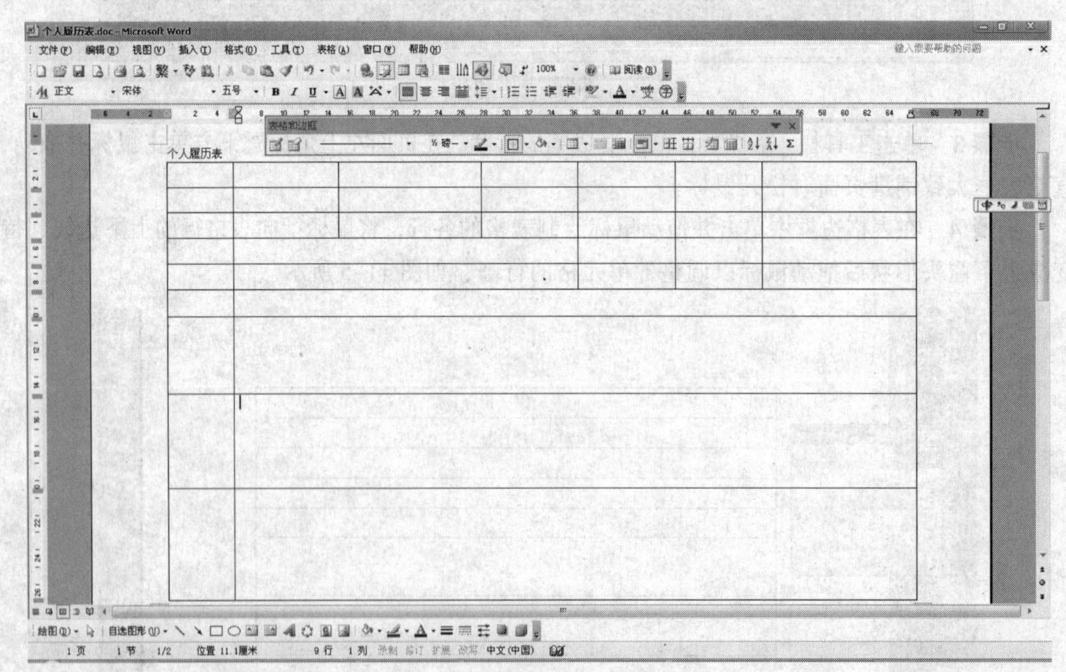

图 11-7 调整后的个人履历表

步骤 7 选中整张表格，选择“表格”→“表格属性”命令，打开“表格属性”对话框，单击“表格”选项卡，在“对齐方式”栏中选择“居中”样式，单击“确定”按钮，如图 11-8 所示。

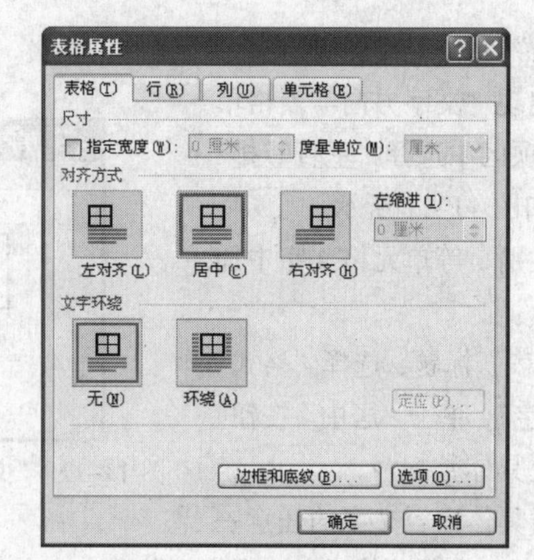

图 11-8　表格属性 - 表格

2. 编辑和设置表格内容

步骤 1　在相应的单元格中输入样式表格中的内容，单击表格左上角的全选图标，选中整个表格，在“表格和边框”工具栏中单击“靠上两端对齐”按钮，在下拉列表中选择“中部居中”按钮，使表格中的文字自动居中对齐。如图 11-9 所示。

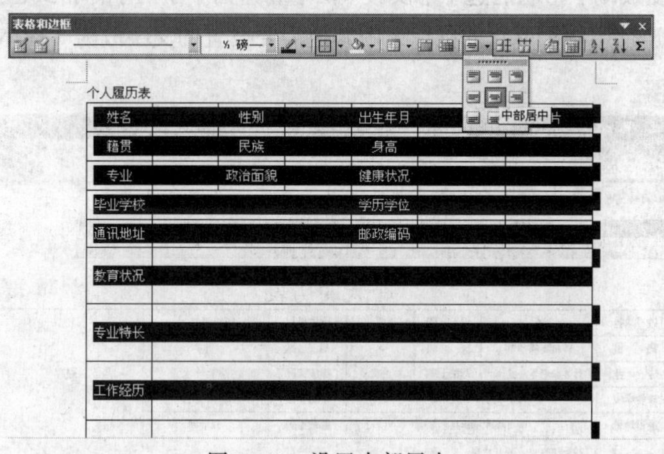

图 11-9　设置中部居中

步骤 2　选中整个表格，选择“格式”工具栏，设置文字为“宋体、加粗、五号”。

步骤 3　选中“照片”文字所在单元格及其下面的 4 个单元格，单击“表格和边框”工具栏中的“合并单元格”按钮，将 5 个单元格合并为一个单元格。如图 11-10 所示。

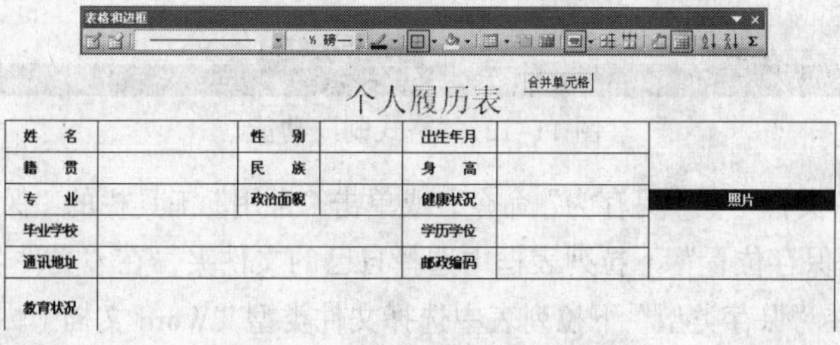

图 11-10　“合并单元格”按钮

步骤 4 选中“专业特长”和“工作经历”文字所在的单元格，右击，在弹出的快捷菜单中选择“文字方向”命令，出现“文字方向—表格单元格”对话框，在“方向”选项区中选择“垂直竖排”样式，单击“确定”按钮。如图 11-11 所示。

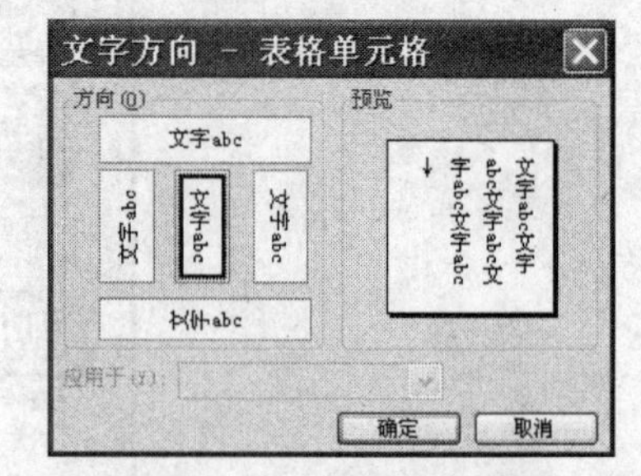

图 11-11 “文字方向-表格单元格”对话框

步骤 5 在“姓名”、“性别”等单元格文字中加上适当的空格，如样式表格。

步骤 6 选中“个人履历表”标题，选择“格式”工具栏”中的“宋体、小一号字”，单击“居中”按钮。

步骤 7 给表格栏目填上具体数据。

步骤 8 选中输入的栏目具体内容文字的任意一个单元格，如“张学霖”单元格，选择“格式”→“字体”命令，出现“字体”对话框，设置“楷体、常规、五号字”，单击“确定”按钮。

步骤 9 选中“张学霖”文字，在“格式”工具栏中单击“格式刷”按钮，鼠标变成刷子形状后选中“汉族”两字，这两个字的字体格式也变为“楷体、常规、五号字”。用同样的方法，将其他的内容也刷成“楷体、常规、五号字”。若选中“张鸿运”文字，在“格式”工具栏中双击“格式刷”按钮，鼠标变成刷子形状后选中“汉族”两字，这两个字的字体格式也变为“楷体、常规、五号字”后，可以连续用刷子形状的鼠标选中其他需要设置的文字改为“楷体、常规、五号字”。如图 11-12 所示。

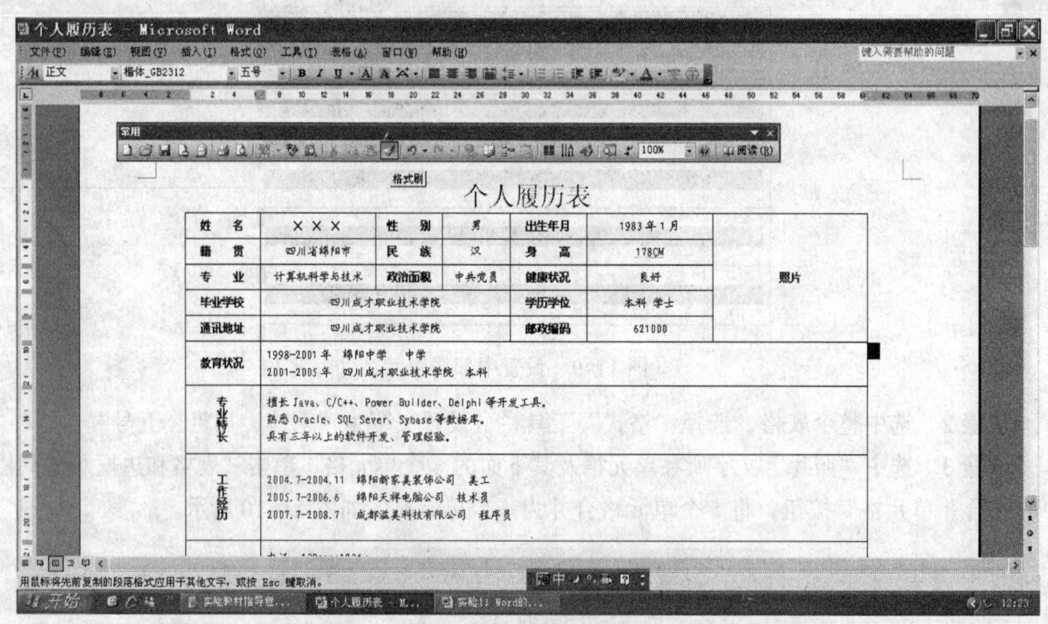

个人履历表

姓 名	×××	性 别	男	出生年月	1983年1月	照片
籍 贯	四川省绵阳市	民 族	汉	身 高	178CM	
专 业	计算机科学与技术	政治面貌	中共党员	健康状况	良好	
毕业学校	四川成才职业技术学院			学历学位	本科 学士	
通讯地址	四川成才职业技术学院			邮政编码	621000	
教育状况	1998-2001年 绵阳中学 中学 2001-2005年 四川成才职业技术学院 本科					
专业特长	擅长 Java、C/C++、Power Builder、Delphi 等开发工具。 熟悉 Oracle、SQL Sever、Sybase 等数据库。 具有三年以上的软件开发、管理经验。					
工作经历	2004.7-2004.11 绵阳新家美装饰公司 美工 2005.7-2006.6 绵阳天祥电脑公司 技术员 2007.7-2008.7 成都滋美科技有限公司 程序员					

图 11-12 “格式刷”功能

步骤 10 选择“文件”→“另存为”命令，或单击“常用”工具栏的“保存”按钮，出现“另存为”对话框，在“保存位置”下拉列表框中选择自己的文件夹，在“文件名”文本框输入文件名“个人履历表”，在“保存类型”下拉列表中选择文件类型“Word 文档（*.doc）”，单击“保存”按钮。选择“文件”→“退出”命令，关闭 Word 文档。

3. 利用表格菜单绘制、编辑表格

步骤 1 打开 Word 2003，选择“表格”→“插入”→“表格”命令，打开“插入表格”对话框，设置“表格尺寸”为五行五列，单击“确定”按钮。如图 11-13 所示。

步骤 2 将光标定位于表格的任意单元格，选择“表格”→“绘制斜线表头”命令，出现“绘制斜线表头”对话框，在“表头样式”下拉列表框中选择“样式一”，在“行标题”文本框中输入“收支项目”，在“列标题”文本框中输入“日期”，单击“确定”按钮，如图 11-14 所示。调整相应的行高列宽。或单击“表格和边框”工具栏中的“绘制表格”按钮，用笔状光标绘制斜线。

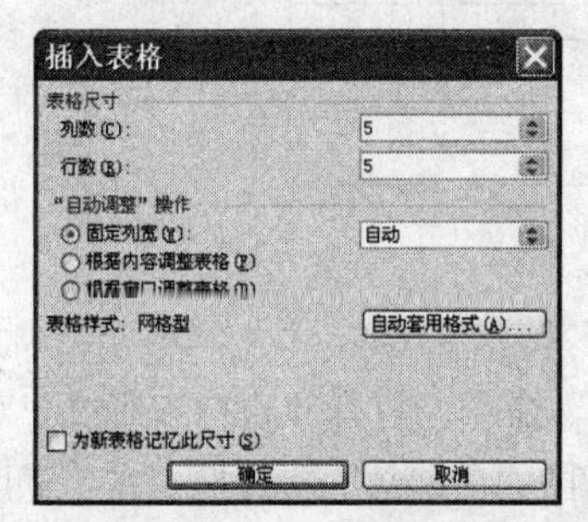

图 11-13 “插入表格”对话框

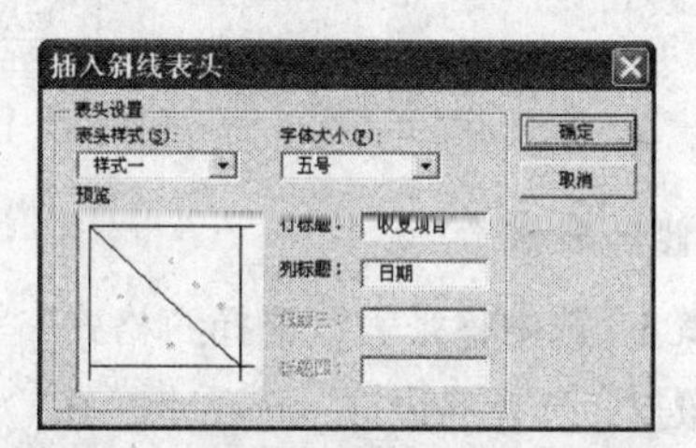

图 11-14 “插入斜线表头”对话框

步骤 3 输入相应的内容，表格行数不够，需要增加行，则让输入光标位于表格最后的单元格，按【Tab】键即可以增加一行，重复操作，直到满足需要为止。合并单元格，输入内容。

步骤 4 给表格加栏题，将光标移到第二行任意单元格，选择“表格”→“插入”→“行(在上方)”命令，即在该行上方添加新的一行。如图 11-15 所示。

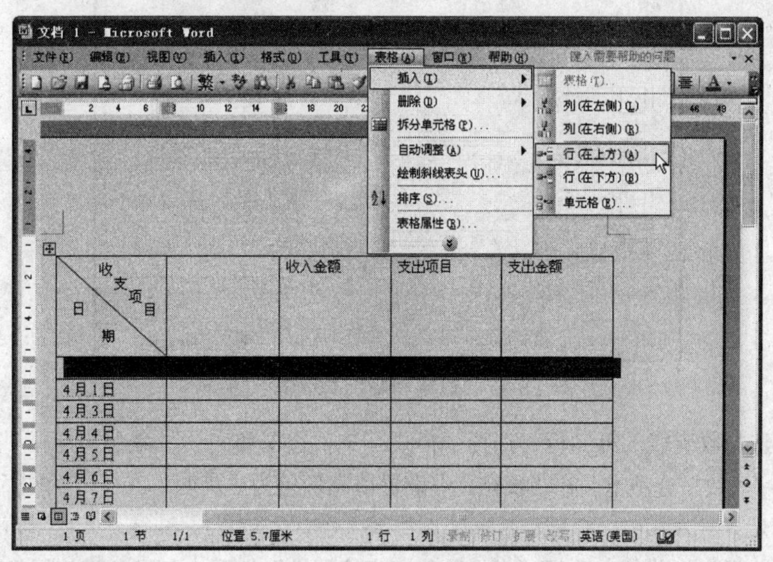

图 11-15 插入行

步骤 5 选中新增加的行，按住鼠标左键将其拖动到第一行第一单元格行首处，释放鼠标，则该行移动到第一行之上。合并单元格，输入栏题。

步骤 6 单击“格式”工具栏设置表头为“居中、宋体、加粗、五号字”，其他文字字体格式为“宋体、常规、中部居中，五号字”。效果如图 11-16 所示。

四月收支表（单位：元）				
收支项目 / 日期	收入项目	收入金额	支出项目	支出金额
4月1日	工资	2500		
4月3日			逛街	300
4月3日			购买资料	145
4月3日			水电费	556
4月5日			清明祭祖	88
4月8日	网店销售	800		
4月10日			网店进货	900
4月10日			请客吃饭	250
4月12日	网店销售	765		
4月15日	奖金	1000		
4月16日			房租	600
统计	收入总额			
	支出总额			

图 11–16　收支表雏形

4．修饰表格

步骤 1　选中整张表，选择“格式”→“边框和底纹”命令。打开“边框和底纹”对话框。

步骤 2　选择“边框”选项卡。在“设置”选项区选择“自定义”单选框，在“宽度”下拉列表框中选择“1.5 磅”选项，在“线型”下拉列表框中选择“双线型”选项，然后用鼠标在“预览”框中表格四边单击，使其周围呈现出选中线型的样式，Word 表格边框设置默认值为“单线、0.5 磅”，单击“确定”按钮。如图 11–17 所示。

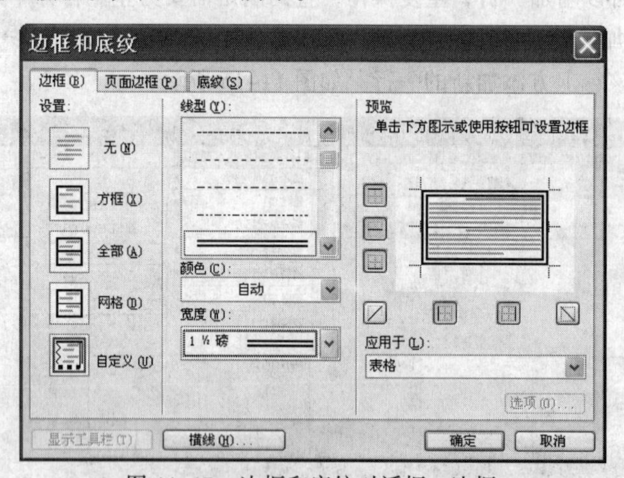

图 11–17　边框和底纹对话框 – 边框

步骤 3　选择收支表的第二行，选择“格式”→“边框和底纹”命令。打开“边框和底纹”对话框，选择“底纹”选项卡，在“填充”中设置填充颜色为“灰度 – 30%”，单击“确定”按钮。如图 11–18 所示。

步骤 4　选择表格首行，选择“表格”→“表格属性”选项。打开“表格属性”对话框，选择“行”选项卡，设置行高为 1.5cm。选择表格第三行至最后行，选择“表格”→“表格属性”命令。打开“表格属性”对话框，选择“行”选项卡，设置行高为 1.2cm。

5．公式计算

步骤 1　将光标移到“支出总额”旁边的空白单元格中，选择“表格”→“公式”命令，出现“公式”对话框，在“粘贴函数”下拉列表框中选择“SUM”函数，在“公式”文本框中输入“C3:C13”，单击“确定”按钮，如图 11-19 所示。

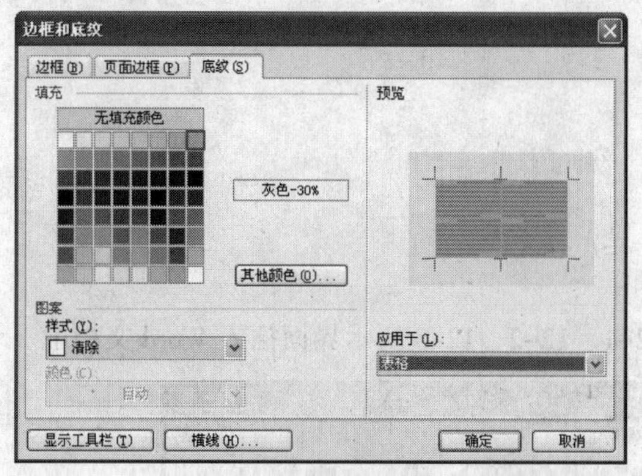

图 11-18　边框和底纹对话框 - 底纹

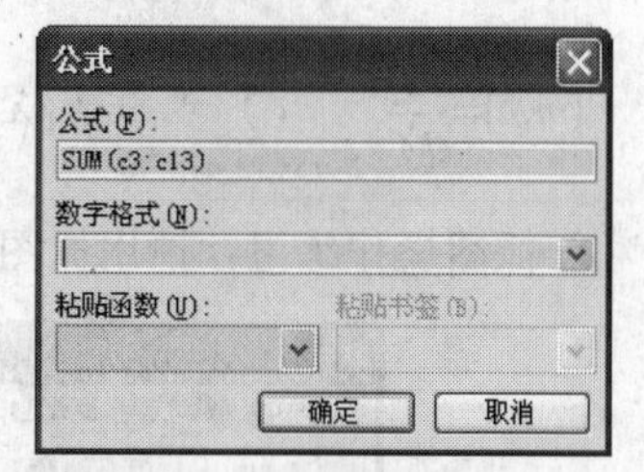

图 11-19　公式

步骤 2　将光标移到“收入总额”旁边的空白单元格，选择“表格”→“公式”命令，出现“公式”对话框，在“粘贴函数”下拉列表框中选择“SUM”函数，在“公式”文本框中输入“E3:E13”，单击“确定”按钮。

步骤 3　选择“文件”→“另存为”命令，或单击“常用”工具栏的“保存”按钮，出现“另存为”对话框，在“保存位置”下拉列表框中选择自己的文件夹，在“文件名”文本框输入文件名“个人收支表”，在“保存类型”下拉列表中选择文件类型“Word 文档(*.doc)”，单击“保存”按钮。选择“文件”→“退出”命令，关闭 Word 文档。

*实验十二　数学公式录入与抓图操作

【实验目的和要求】

（1）本实验帮助学生特别是理工科学生今后在撰写学术论文时可能会遇到的公式输入做一练习，学生可选择下列某些公式条目进行录入练习。

（2）对于某些基于 Windows 的程序视窗操作界面，用户有时可能需要将其复制并粘贴到自己的 Word 文档中，本实验第二个部分，帮助学生进行简单的抓图练习。

（3）利用“插入”菜单中“对象”子菜单以及键盘上的【Print Screen】键可实现本实验中的两个相关项目。

① 公式录入练习。

$$\Gamma_3(w_1,w_2,w_3)=\sum_{u=0}^{\infty}\sum_{v=0}^{\infty}\sum_{w=0}^{\infty} g_{uvw}e^{-i(w_1u+w_2v+w_3w)} \quad \mathrm{Xt}=\int_{-\pi}^{\pi} e^{itw_1}\Gamma_1(w_1)dz_u(w_1)+$$

$$\int_{-\pi}^{\pi}\int_{-\pi}^{\pi} e^{it(w_1+w_2)}\Gamma_1(w_1,w_2)dz_u(w_1)dz_u(w_2)+\int_{-\pi}^{\pi}\int_{-\pi}^{\pi}\int_{-\pi}^{\pi} e^{it(w_1+w_2+w_3)}\Gamma_1(w_1,w_2,w_3)+\mathrm{d}Z_u(w_1)\mathrm{d}Z_u(w_2)\mathrm{d}Z_u(w_3)+\ldots$$

$$\hat{b_{ic}}(\lambda_1,\lambda_2)=\hat{b}(\lambda_1,\lambda_2)/\sqrt{\hat{f}(\lambda_1)\hat{f}(\lambda_2)\hat{f}(\lambda_1+\lambda_2)}$$

$$\begin{bmatrix} R(0,0) & R(1,1) & \dots & R(P,P) \\ R(-1,-1) & R(0,0) & \dots & R(P-1,P-1) \\ \dots & \dots & \dots & \dots \\ R(-P,-P) & R(1-P,1-P) & \dots & R(0,0) \end{bmatrix}$$

$$r^{i}(m,n)=\frac{1}{M}\sum_{l=\max(1,1-m,1-n)}^{\min(M,M-m,M-n)} X_l^i X_{l+m}^i X_{l+n}^i \qquad i=1\dots k$$

② 抓图操作练习：请用抓图方式将图 12-1、12-2、12-3 所示界面插入 Word 文档中。

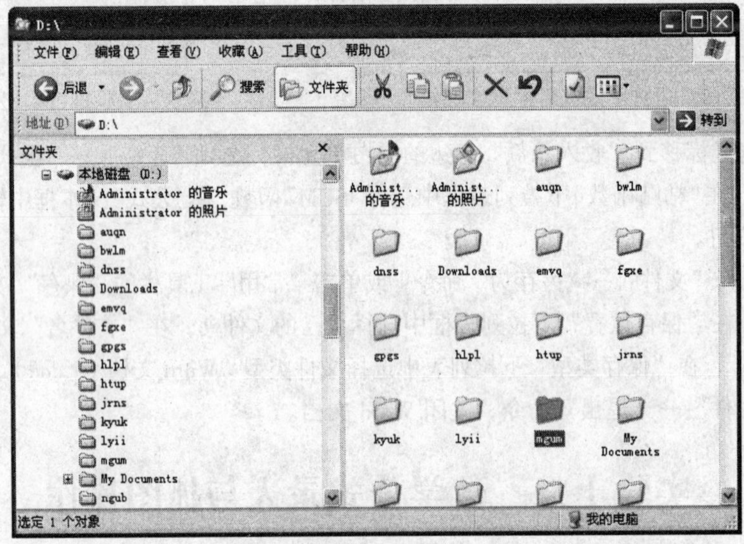

图 12-1　界面一

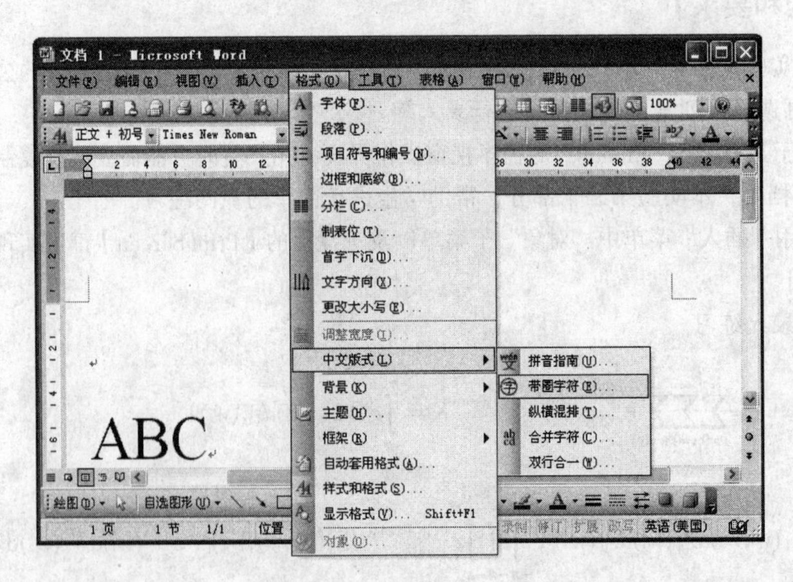

图 12-2　界面二

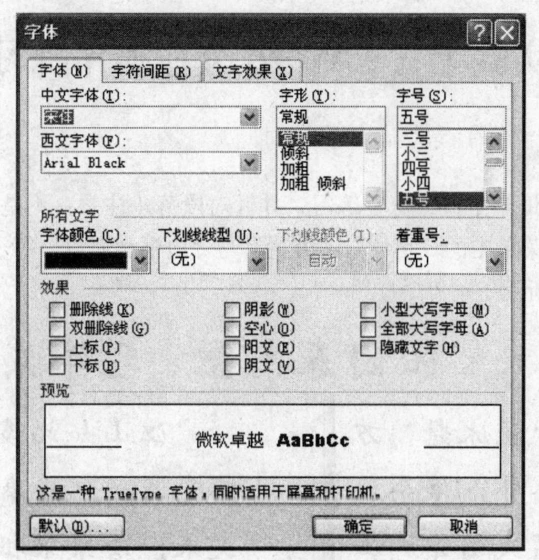

图 12-3 界面三

【实验步骤】

1. 公式录入练习

选择“插入”菜单中的“对象”命令，选择其中的“Microsoft 公式 3.0”选项，弹出“公式”编辑对话框，其中包括若干常用的数学符号输入模板，如微积分、累加求和、矩阵、上下标等，用户可选择所需要的模板，并在其相应的位置填上实际的数据值，并调整好公式的整体大小，即完成。

2. 抓图操作练习

当用户打开基于 Windows 的各种应用程序界面，在操作期间打开各类菜单与子菜单项，以及可能随之弹出的各种对话框时，如果需要将其中的某些画面以位图的形式粘贴到自己的 Word 文档中时，即可采用计算机键盘上所提供的抓图按键完成。此类操作有两种配套方式。

全屏复制：若需将整个显示屏上的全部窗口内容复制下来，即直接按键盘上的【Print Screen】键；然后，将光标置于 Word 文档中的合适位置（拟插图处），然后选择“编辑”菜单中的“粘贴”命令，或右击选项快捷菜单中的“粘贴”命令，或直接利用【Ctrl+V】组合键，即可将全屏内容粘贴到 Word 文档相应位置；最后可通过手动方式调整其大小；或双击图片，在弹出的“设置图片格式”对话框中设置图片的大小及其与文字的环绕方式。

指定界面复制：基于 Windows 的应用程序，常会同时打开多个程序界面或对话框，若只希望复制某一指定窗口；或仅针对悬浮于某应用程序窗口中最上层（前端）的对话框进行复制；可选定某窗口界面（单击此窗口）、或对当前程序窗弹出的对话框，按【Alt + Print Screen】组合键，其他操作同上，即可仅将所需要的窗口界面复制到 Word 文档指定的位置处。

对于本实验抓图练习中三幅图片，请大家遵循上述操作说明，并视情况选择不同的操作方式，进行练习。

实验十三　Word 分栏操作练习

【实验目的和要求】

（1）本实验主要帮助学生进行分栏练习，并针对段落（注意：不是针对栏）进行边框设置。

（2）利用“格式”菜单中的“字体”、“分栏”与“边框和底纹”等子菜单项，可实现本实验中的相关内容（如下文所示）。

沁园春·雪　毛泽东

北国风光，千里冰封，万里雪飘。望长城内外，惟余莽莽；大河上下，顿失滔滔。山舞银蛇，原驰蜡象，欲与天公试比高。须晴日，看红装素裹，分外妖娆。

江山如此多娇，引无数英雄竞折腰。惜秦皇汉武，略输文采；唐宗宋祖，稍逊风骚。一代天骄，成吉思汗，只识弯弓射大雕。俱往矣，数风流人物，还看今朝。

【实验步骤】

步骤 1　原文输入此首诗词。

步骤 2　选择“格式”菜单中的“分栏”命令，选择其中的“两栏”选项，按“确定”按钮，如图 13-1 所示。注意：此步操作前，光标应将正文选中。

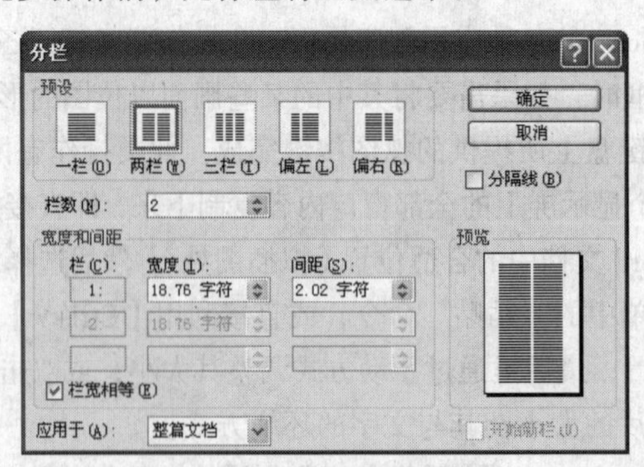

图 13-1　分栏设置对话框

步骤 3　将光标置于文字“江山如此多娇”之前，按【Enter】键，以使全文形成两个段落；并恰好在“江山如此多娇”处将正文分为两栏。

步骤 4　设置全文字体为华文新魏；标题居中；标题字号为一号；正文字号为四号。

步骤 5　将光标置于左半栏任意位置，选择“格式”菜单中的“边框和底纹”命令，在其中选择相应的线型；并在“应用于”下拉列表中选择“段落”选项；最后单击左边框和上边框，如图 13-2 所示。

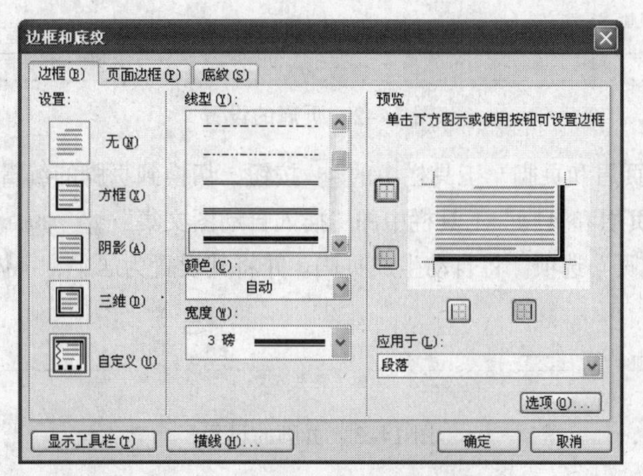

图 13-2　边框和底纹设置对话框

步骤 6　将光标置于右半栏任意位置，重复步骤 5 操作。

实验十四　Word 页眉与页脚

【实验目的和要求】

从服务器主机上派发已经录入好的多页 Word 文档给学生，让其按要求设置，以使学生掌握以下内容：

（1）掌握 Word 中设置页眉与页脚的方法；

（2）学会使用分节符的分节功能，并配合分节符，为各节设置不同的页眉页脚。

【实验步骤】

1. 相同的页眉页脚的设置

步骤 1　通过服务器下发一份已经录入好的多页 Word 文档（《计算机文化基础》教学大纲）给学生，本文档共有六页。

步骤 2　在“视图”菜单栏中选择“页眉和页脚”命令，出现如图 14-1 所示页眉/页脚的编辑状态及“页眉和页脚”工具栏，此时可对页眉页脚进行编辑。

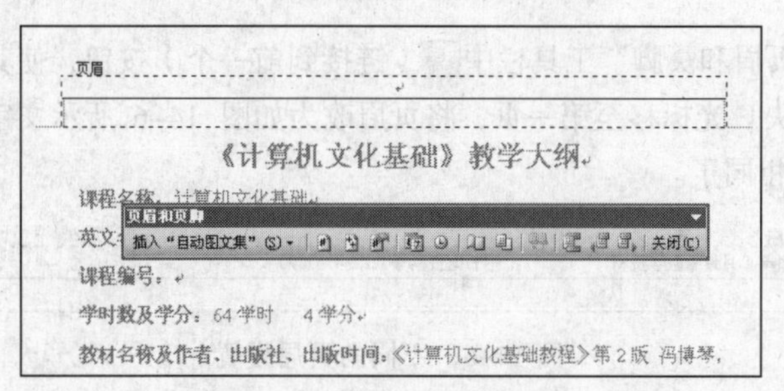

图 14-1　页眉页脚工具栏

步骤 3　在“页眉”栏中输入“计算机文化基础教学大纲”，并使其居中对齐，然后再输入日期“2008 年 6 月”，并使其右对齐，效果如图 14-2 所示。

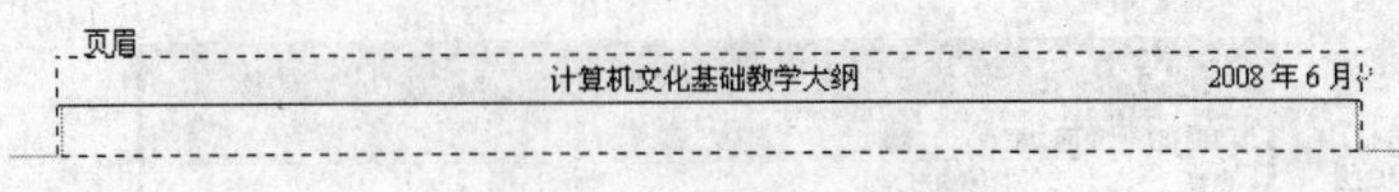

图 14-2　页眉的设置

步骤 4　单击"页眉和页脚"工具栏中的按钮，切换到页脚的编辑环境。

步骤 5　单击"页眉和页脚"工具栏中的"插入自动图文集" 插入"自动图文集" 按钮，在下拉菜单中选择"第 X 页共 Y 页"选项，将自动生成页码。并将其设置为居中，字体颜色改为蓝色，如图 14-3 所示。

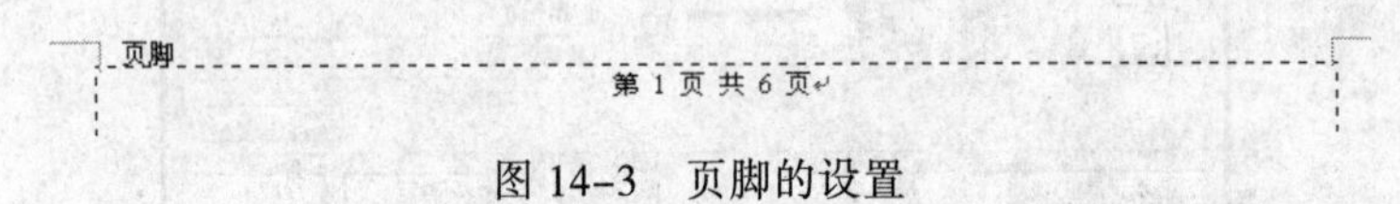

图 14-3　页脚的设置

步骤 6　"页眉和页脚"工具栏中还有许多其他自动设置的按钮，请同学们自己尝试。

步骤 7　最后，单击"页眉和页脚"工具栏中的"关闭"按钮，页眉页脚设置完毕。注意，编辑页眉页脚时不能编辑正文，反之亦然。

2．不同的页眉页脚的设置

步骤 1　将光标定位在第一页第八行，即标题和内容之间，选择"插入"菜单下的"分隔符"命令，在弹出的"分隔符"对话框中选择"分节符类型/下一页"选项，如图 14-4 所示，单击"确定"按钮，强行分节并分页。

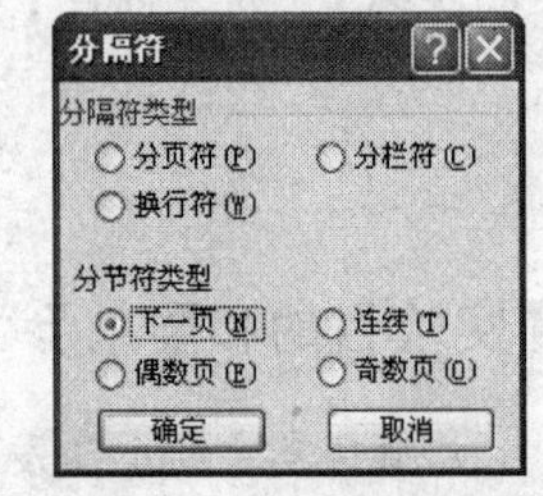

图 14-4　插入分隔符对话框

步骤 2　光标移至第 2 页，双击页眉，可以打开"页眉页脚"编辑栏，此时，可发现页眉页脚的视图与原来有所不同，多了"第 2 节"与"与上一节相同"等文字，如图 14-5 所示。

图 14-5　插入分节符后的页眉

步骤 3　单击"页眉和页脚"工具栏中（链接到前一个）按钮，使其失效，将会发现"与上一节相同"文字消失。光标移至第一页，将页眉改为如图 14-6 所示文字，并观察第一节与第二节的页眉，它们不相同了。

图 14-6　不同的页眉设置

步骤 4　页脚的设置方法与页眉相同，请同学们以相同方法完成以下要求：把第一页的页脚删除，从第二页开始页脚为"机密、页码、日期"，如图 14-7 所示。

图 14-7　不同的页脚设置

实验十五　Word 标题与目录的生成

【实验目的和要求】

1．目录生成

（1）建立一个文档的目录。

（2）在文档正文中相应的位置插入“书签”。

（3）在每一目录项中设置超链接，通过它可直接跳转至文档中对应的书签位置。

2．标题的格式生成

当一篇 Word 文档录入完毕后，我们常常需要对其中的各标题项设置相应的合适格式，此时即会用到“格式”菜单中的“样式和格式”命令项（或“格式”常用工具栏中的“样式”下拉列表框）。本项实验即通过创建一个 Word 文档，再利用上述命令或工具栏选项完成设置。

【实验步骤】

1．目录生成

步骤 1　在 Word 文档中创建目录页以及后续的正文页，如图 15-1 所示：

目　　录

第一章　Web 通信系统

1.1 引言

1.1.1　网页与网站

网页：利用 HTML(XML)标记语言，将计算机中的各种格式的信息有机的组织在一起，并可在其中嵌入某些程序代码以实现某些交互与动态功能；再将其置于 Web 服务器一端，用远程用户利用浏览器软件访问；是为网页。

网站：为实现更为复杂的应用逻辑与业务功能，将一系列内容相关的网页组合在一起，相互配合、协作，即构成相应的 Web 网站。

1.1.2　B/S 与 C/S 通信模式

C/S 通信模式：将网络资源集中配置在服务器（S）一端，并有良好的硬件支持，其相关服务器程序处于侦听状态，被动地等待通信；而客户端只需配置小型的通信程序，作为用户网络界面与远程服务器交互，并由它主动地启动与后者的通信。

B/S 模式是 C/S 模式的一种特例，即在客户端勿需专门安装和配置专用客户端程序，而只需要利用浏览器软件及其中的某些通信程序模块（如基于 HTTP、FTP、Telnet 等）来实现与服务器端的交互，以完成一些常规的通信任务。

1.1.3　HTML 语言简介

图 15-1　“目录及正文”样文

步骤 2 将光标置于正文“第一章 Web 通信系统”处任一位置，单击“插入”菜单中的“书签”命令，即可弹出“书签”对话框，如图 15-2 所示。在此对话框中为文档插入一书签，并取名为 a,单击其中的“添加”按钮命令即可完成。

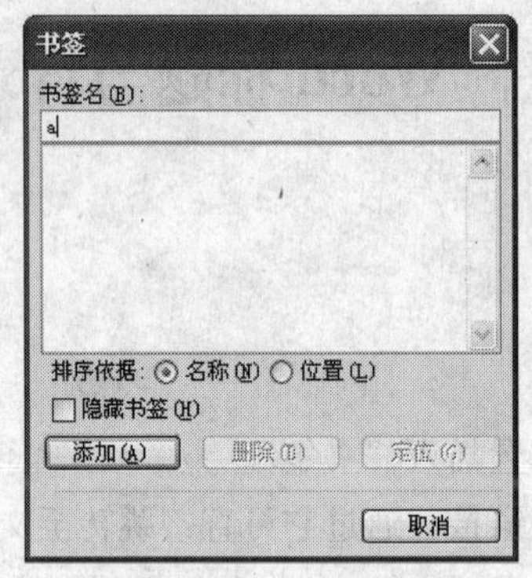

图 15-2 “书签”对话框

步骤 3 将光标移至文档目录处，拖动鼠标选中其中的目录项“第一章 Web 通信系统”，并单击，在弹出的快捷菜单中选择“超链接”命令（或选择“插入”菜单中的“超链接”命令）如图 15-3 所示，即会弹出“插入超链接”对话框，如图 15-4 所示。

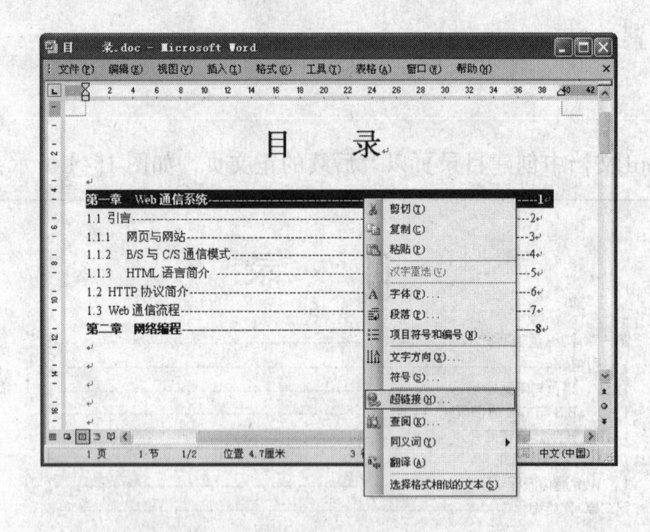

图 15-3 给目录加上超链接

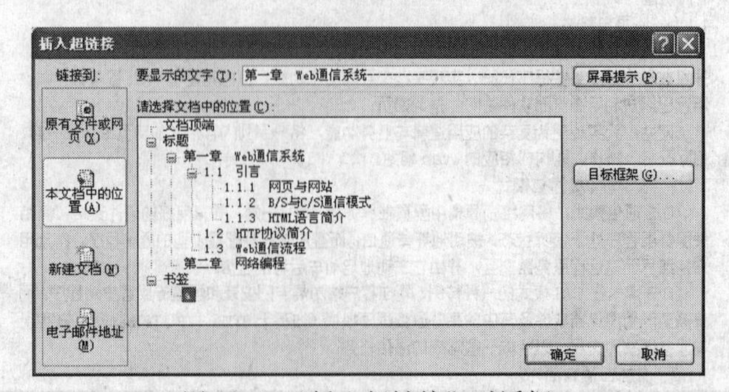

图 15-4 “插入超链接”对话框

步骤 4　在此对话框中，选择“本文档中的位置”命令；并单击已出现在“请选择文档中的位置”窗格中的书签“a”（在正文中插入的书签）。

步骤 5　至此，目录项“第一章…”处的超级链接即设置完毕，如图 15-5 所示。此时，如果按住【Ctrl】键并单击此目录项，光标即可自动跳转至文档正文对应的书签位置处。其余目录及其对应的书签设置，同上所示。

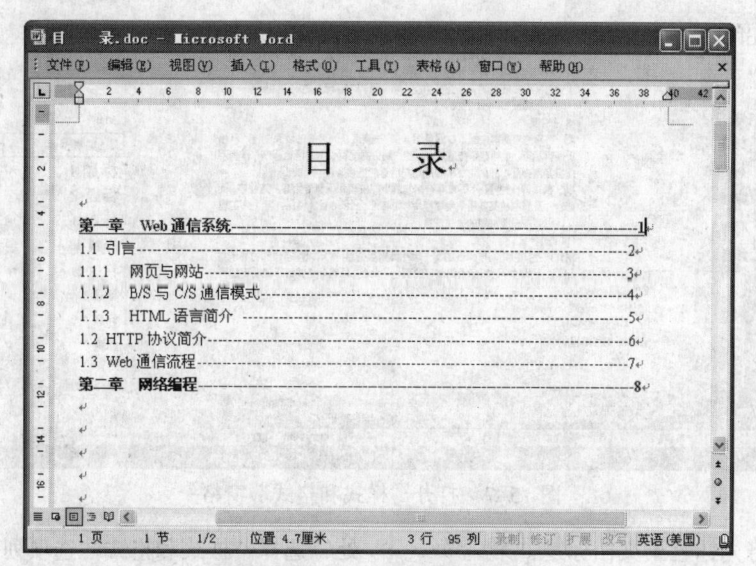

图 15-5　目录超链接效果图

2. 标题的格式生成

步骤 1　录入一篇 Word 文档，如图 15-6 所示：

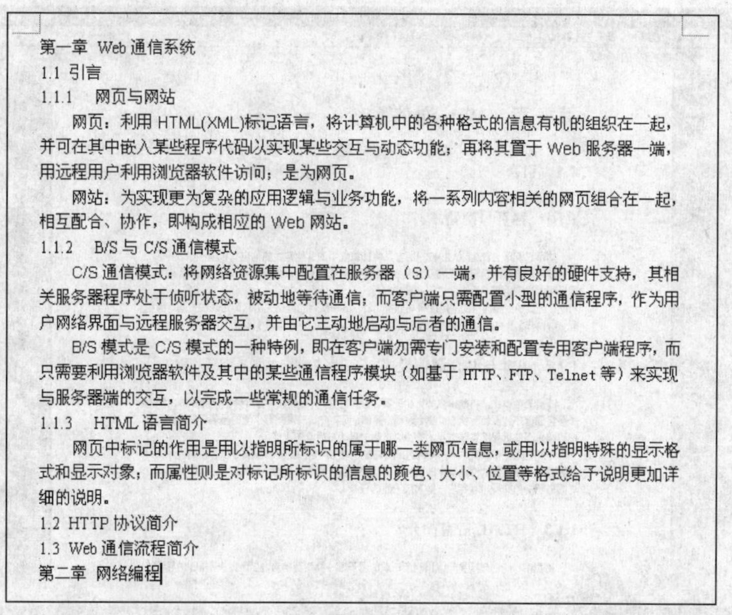

第一章 Web 通信系统
1.1 引言
1.1.1　网页与网站

网页：利用 HTML(XML)标记语言，将计算机中的各种格式的信息有机的组织在一起，并可在其中嵌入某些程序代码以实现某些交互与动态功能；再将其置于 Web 服务器一端，用远程用户利用浏览器软件访问；是为网页。

网站：为实现更为复杂的应用逻辑与业务功能，将一系列内容相关的网页组合在一起，相互配合、协作，即构成相应的 Web 网站。

1.1.2　B/S 与 C/S 通信模式

C/S 通信模式：将网络资源集中配置在服务器（S）一端，并有良好的硬件支持，其相关服务器程序处于侦听状态，被动地等待通信；而客户端只需配置小型的通信程序，作为用户网络界面与远程服务器交互，并由它主动地启动与后者的通信。

B/S 模式是 C/S 模式的一种特例，即在客户端勿需专门安装和配置专用客户端程序，而只需要利用浏览器软件及其中的某些通信程序模块（如基于 HTTP、FTP、Telnet 等）来实现与服务器端的交互，以完成一些常规的通信任务。

1.1.3　HTML 语言简介

网页中标记的作用是用以指明所标识的属于哪一类网页信息，或用以指明特殊的显示格式和显示对象；而属性则是对标记所标识的信息的颜色、大小、位置等格式给予说明更加详细的说明。

1.2 HTTP 协议简介
1.3 Web 通信流程简介
第二章 网络编程

图 15-6

步骤 2　选择“格式”菜单中的“样式和格式”命令 Word 主程序窗右部即会出现“样式和格

式”窗格；或直接利用“格式”常用工具栏中的“样式”下拉列表框，如图 15-7 所示：

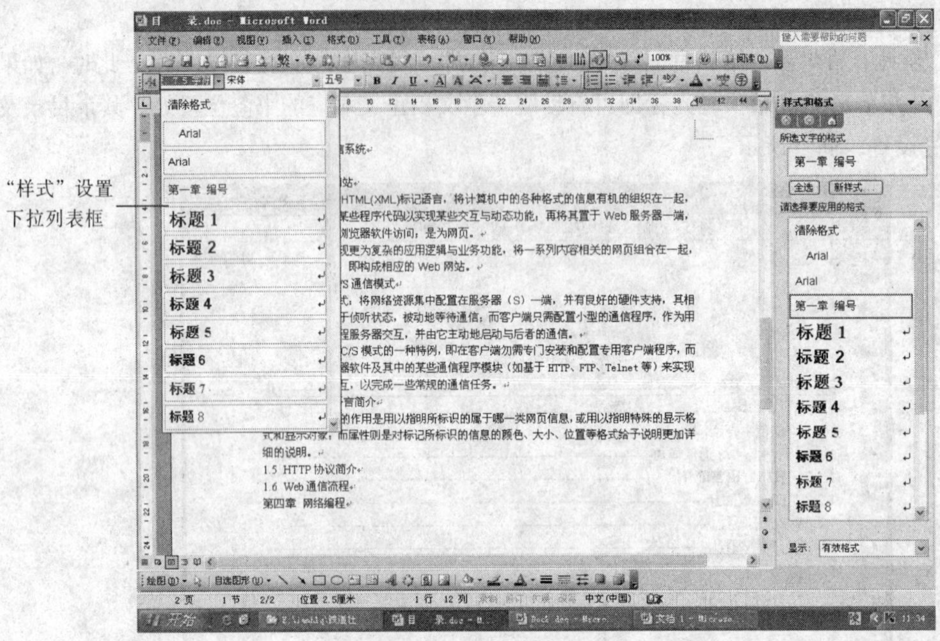

图 15-7　打开“样式和格式”窗格

步骤 3　将光标置于文档标题“第一章……”处，选择“样式和格式”选项列中的“标题 1”命令即对此标题予以设置；同样地，将光标置于文档标题“1.1……”处，选择“样式”选项列中的“标题 2”命令即对此标题予以设置；以此类推，将光标置于文档标题“1.1.1……”处，选择“样式”选项列中的“标题 3”命令即对此标题予以设置；如图 15-8 所示。

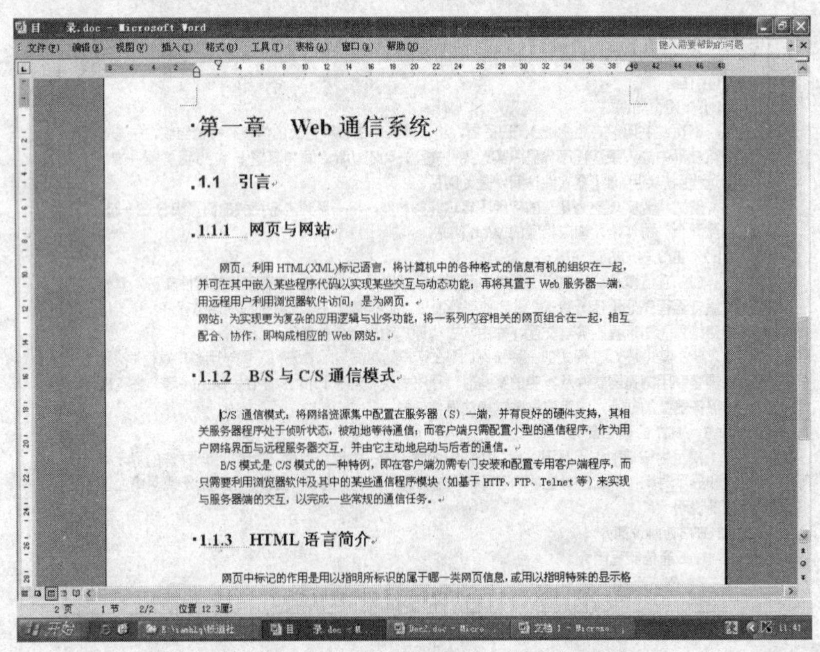

图 15-8　设置“样式和格式”后的效果图

步骤 4 如果对于系统原有的模板标题样式不满意，可通过“样式和格式”窗格中的“新样式”命令，重新设计所需要的标题样式；另外，还可通过原有标题样式中的的“修改”命令选项，对已有的标题样式进行修改，如图 15-9 所示：

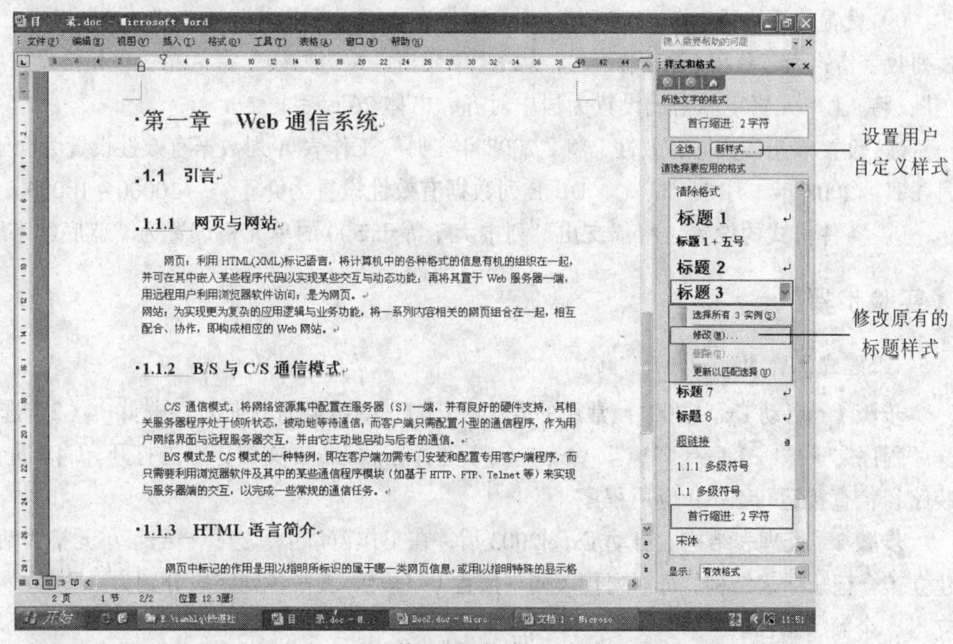

图 15-9 修改标题样式

实验十六 Excel 的创建与编辑

【实验目的和要求】

（1）掌握中文 Excel 的启动与退出，熟悉 Excel 的工作环境；

（2）掌握工作簿的创建与保存；

（3）工作表的创建、删除、复制、移动、更名等基本操作；

（4）行、列、单元格数据格式设置与内容编辑。

（5）实验最终效果：

① 建立如图 16-1 所示工作表，并以文件名“工会现金记账册.xls”存盘。

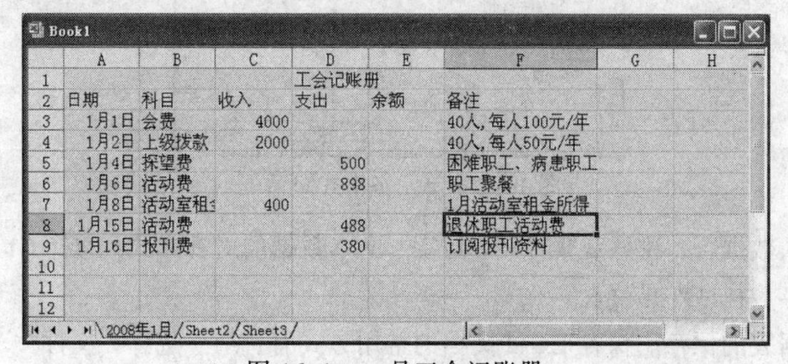

	A	B	C	D	E	F
1				工会记账册		
2	日期	科目	收入	支出	余额	备注
3	1月1日	会费	4000			40人，每人100元/年
4	1月2日	上级拨款	2000			40人，每人50元/年
5	1月4日	探望费		500		困难职工、病患职工
6	1月6日	活动费		898		职工聚餐
7	1月8日	活动室租金	400			1月活动室租金所得
8	1月15日	活动费		488		退休职工活动费
9	1月16日	报刊费		380		订阅报刊资料

图 16-1 一月工会记账册

② 工作表的选择与编辑。插入工作表，工作表命名为“2008 年 2 月”，并复制“2008 年 1 月”工作表 A1:F2 单元格到“2008 年 2 月”工作表；设置“2008 年 1 月”工作表的拆分、冻结、隐藏等操作。

③ 设置单元格式。将“2008 年 1 月”工作表 A 列数字格式设置为“日期”格式；设置 C、D、E 列数字格式为“货币”格式；设置 A2:F9 单元格区域边框线；将 A2:F2 单元格设置底纹为“灰色”；将 A1 单元格字体格式设置为居中对齐，楷体 26 磅字。

④ 设置单元格数据有效性，将“2008 年 1 月”工作表 A 列数据有效性设置为介于 2008 年 1 月 1 日 ~ 2008 年 1 月 31 日，C、D、E 列数据有效性设置为介于“－10000 ~ 10000”。

⑤ 条件格式的设置。将“支出”列中大于等于 500 的单元格设置为“蓝底红字”。

【实验步骤】

1. 建立工作表

步骤 1 启动 Excel 2003。常用的方法有：(1) 双击桌面的 Excel 图标。(2) 选择“开始”→“程序”→“Excel 2003”命令。(3) 选择任意 Excel 文档，双击打开。(4) 进入 Office 安装路径，直接运行 Excel 应用程序。

步骤 2 处理表结构。启动 Excel2003 后，在工作窗口中，选择“A1”单元格为活动单元格，建立工会记账册表结构，每一列代表同一属性（字段），表格各列字段分别为：日期、科目、收入、支出、余额、备注。

步骤 3 插入标题行。选择第一行后，选择“插入”→“行”命令，在第一行前插入一行。选择 A1:F1 单元格，选择“格式”→“单元格”命令，打开“单元格格式”对话框。选择“对齐”选项卡，设置“文本控制”中的“合并单元格”复选框为选中，单击“确定”按钮，合并 A1:F1 单元格（也可在选择 A1:F1 单元格后，选择“格式”工具栏中的“合并并居中”选项），如图 16-2 所示。在合并后的单元格中输入“工会记账册”。

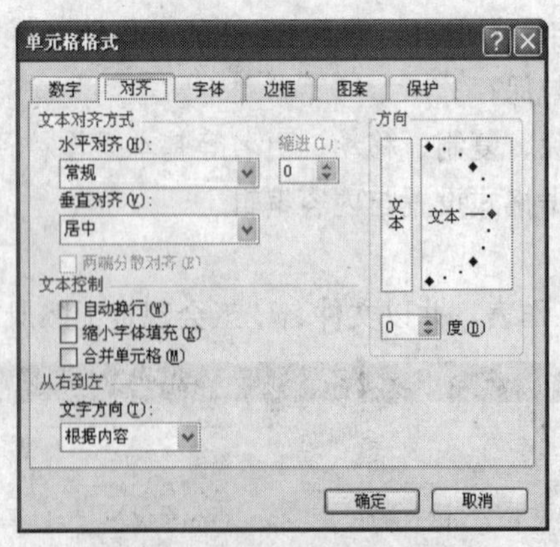

图 16-2 单元格格式对话框

步骤 4 输入数据行，注意观察日期、数字、文本数据的对齐方式。选择 C1 单元格为活动单元格，参见图 16-1 中的数据输入。

步骤 5 数据表的保存。保存 Excel 文档的常用方式有：(1) 选择“文件”→“保存”命令；(2) 单击“常用”工具栏中“保存”按钮；(3) 使用【CTRL+S】组合键；(4) 选择“文件”

→“另存为”命令，打开“另存为”对话框，选择合适的保存位置（如 D:\MYDATA 文件夹），保存文件名为“工会记账册.XLS”，如图 16-3 所示。（注：使用前三种方法时，如第一次保存会打开“另存为”对话框。）

步骤 6 关闭 Excel。关闭 Excel 的常用方法有：（1）使用菜单命令关闭，选择“文件”→“退出”命令；（2）双击标题栏左边的控制按钮图标；（3）单击标题栏上的关闭按钮；（4）单击窗口的控制菜单中的“关闭”选项；（5）使用【Alt + F4】组合键。（注：关闭 Excel 窗口时，如文档更改，但未保存会弹出对话框提示是否保存。）

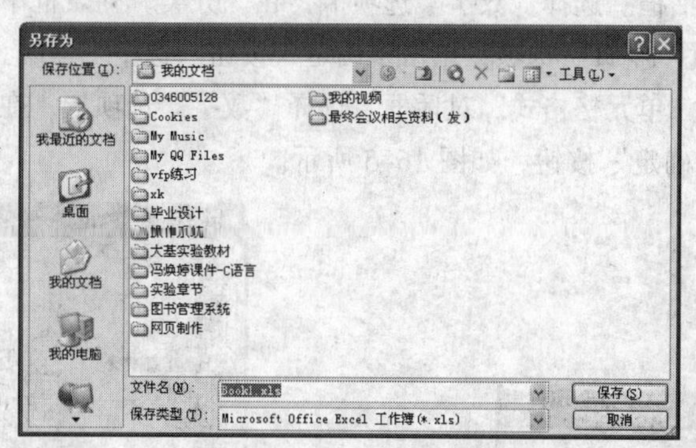

图 16-3 另存为对话框

2. 工作表的选择与编辑

步骤 1 选择工作表。选择 sheet2 和 sheet3 工作表标签（选择 sheet2 后，按住【shift】键选择 sheet3 工作表标签）如 \Sheet1\Sheet2/Sheet3/；

步骤 2 删除工作表。选中 sheet2 和 sheet3 工作表标签后，选择“编辑”→“删除工作表”命令。（或在工作表标签处右击选择快捷菜单中的“删除”命令。）

步骤 3 修改工作表名字。选择 sheet1 工作表标签，选择“格式”→“工作表”→“重命名”命令。输入新名称“2008 年 1 月”覆盖当前名称。

步骤 4 插入工作表。选择“插入”→“工作表”命令插入工作表，并按步骤 3 将新工作表更名为“2008 年 2 月”。

步骤 5 复制单元格。选择“2008 年 1 月”工作表中的 A1:F2 单元格区域，进行复制操作（组合键、菜单命令、工具栏按钮均可），选择“2008 年 2 月”工作表中的 A1 单元格，进行粘贴操作（组合键、菜单命令、工具栏按钮均可）。

步骤 6 拆分/取消拆分工作表。在垂直滚动条的顶端或水平滚动条的右端，鼠标指向拆分框 一拆分框 。当鼠标变为拆分指针 后，将拆分框向下或向左拖至所需的位置。或选择“窗口”→“拆分”命令，将会在活动单元格左部、上部出现拆分框。取消拆分可双击拆分框或选择“窗口”→“取消拆分”命令。（注意观察拆分后窗口工作区域的变化。）

步骤 7 冻结/取消冻结工作表。冻结窗格，常用的操作方式有：（1）顶部水平窗格，选择待拆分处的下一行。（2）左侧垂直窗格，选择待拆分处的右边一列。（3）同时生成顶部和左侧窗格，单击待拆分处右下方的单元格。然后在之前操作的基础上，选择“窗口”→“冻结窗格”命令。取消冻结可选择“窗口”→“取消冻结窗格”命令。（注意观察冻结后窗口工作区域的变化，比较冻结与拆分的区别。）

步骤 8 隐藏/取消隐藏工作表。隐藏工作表，选定需要隐藏的工作表（如“2008 年 2 月”工作表）。选择“格式”→“工作表”→“隐藏”命令即可。取消隐藏，选择“格式”→“工作表”→“取消隐藏”命令，打开“取消隐藏”对话框。在“取消隐藏工作表”列表框中，双击需要显示的被隐藏工作表的名称，如图 16-4 所示。

3. 设置单元格式

步骤 1 设置数字格式。选中“2008 年 1 月”工作表 A 列，选择“格式”→“单元格”命令，打开“单元格格式”对话框。选择“数字”选项卡，在“分类”列表框中选择“日期”选项。在类型列表框中选择“3 月 14 日”选项，单击“确定”按钮。选中 C、D、E 列，选择“格式”→“单元格”选项，打开“单元格格式”对话框。选择“数字”选项卡，在“分类”列表框中选择“货币”选项，单击“确定”按钮，如图 16-5 所示。

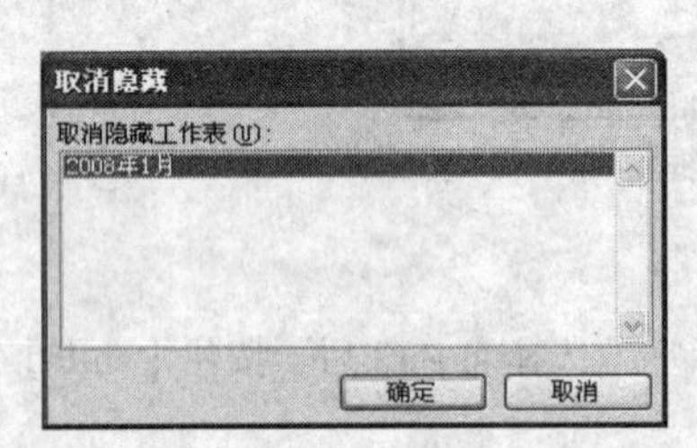

图 16-4 取消隐藏”对话框

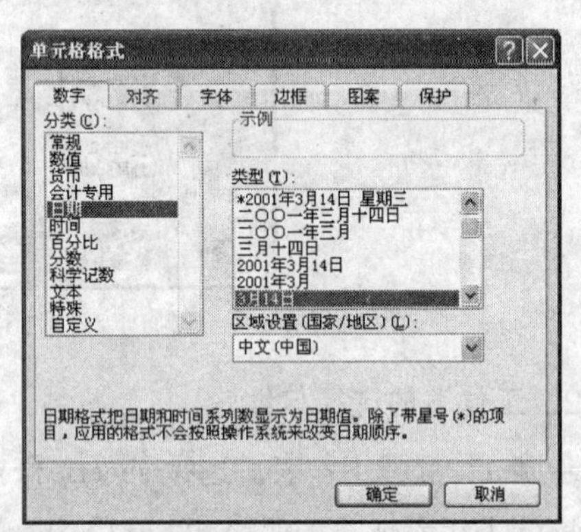

图 16-5 单元格格式对话框 - 数字选项卡

步骤 2 设置对齐格式。设置数字格式。选中“2008 年 1 月”工作表 A1 单元格，选择“格式”→“单元格”命令，打开“单元格格式”对话框。选择“对齐”选项卡。在“水平对齐”下拉列表框中选择“居中”选项，在“垂直对齐”下拉列表框中选择“居中”选项，单击“确定”按钮，如图 16-6 所示。

步骤 3 设置字体格式。设置数字格式。选中“2008 年 1 月”工作表 A1 单元格，选择“格式”→“单元格”命令，打开“单元格格式”对话框。选择“字体”选项卡。在“字体”列表框中选择“楷体_GB2312”选项，在“字号”下拉列表框中选择“26”选项，单击“确定”按钮，如图 16-7 所示。

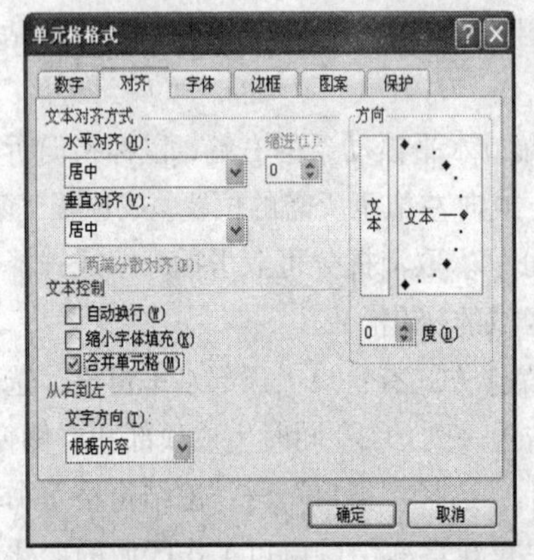

图 16-6 单元格格式对话框 - 对齐选项卡

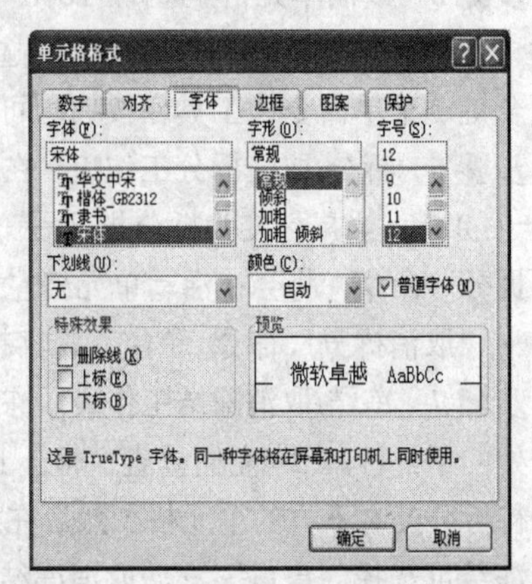

图 16-7 单元格格式对话框 - 字体选项卡

步骤 4 设置边框格式。设置数字格式。选中“2008 年 1 月”工作表 A2:F9 单元格区域，选择“格式”→“单元格”命令，打开“单元格格式”对话框。选择“边框”选项卡，单击“预置”中的“外框线”按钮，再单击“预置”中的“内部”按钮，单击“确定”按钮，如图 16-8 所示。

步骤 5 设置底纹格式。设置数字格式。选中“2008 年 1 月”工作表 A2:F2 列，选择“格式”→“单元格”命令，打开“单元格格式”对话框。选择“图案”选项卡，选择“颜色”选项区中的“灰色”选项，单击“确定”按钮，如图 16-9 所示。

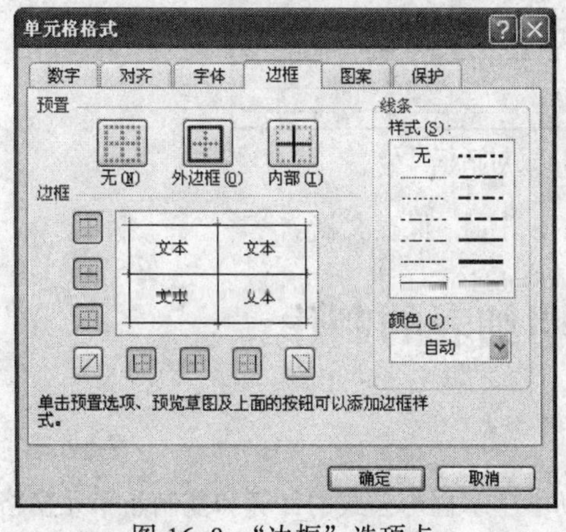

图 16-8 “边框”选项卡

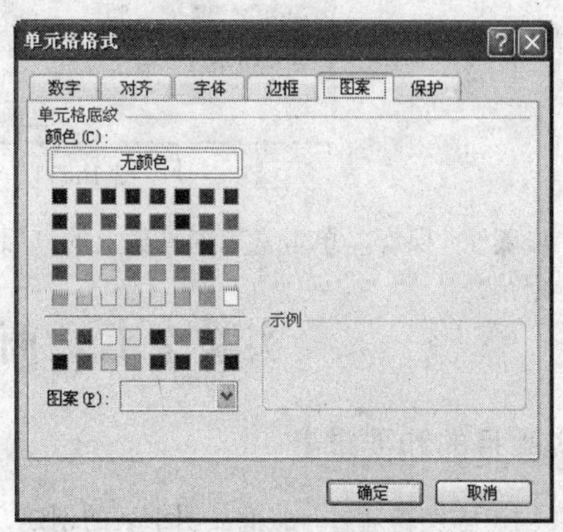

图 16-9 “图案”选项卡

4. 设置单元格数据有效性

步骤 1 选定“2008 年 1 月”工作表 A 列，在“数据”菜单中，选择“有效性”命令，再单击“设置”选项卡。

步骤 2 在“允许”下拉列表框中，选择“日期”选项，在“数据”下拉列表框中，选择“介于”选项，在“开始日期”中输入“2008-1-1”，在“结束日期”中输入“2008-1-31”。

步骤 3 选择“输入信息”选项卡，在“标题”文本框中输入“输入限制”，在“输入信息”文本框中输入“请注意本列只能输入 1 月 1 日～1 月 31 日间的日期数据。”，设置 A 列输入时的提示信息，单击“确定”按钮，如图 16-10 所示。

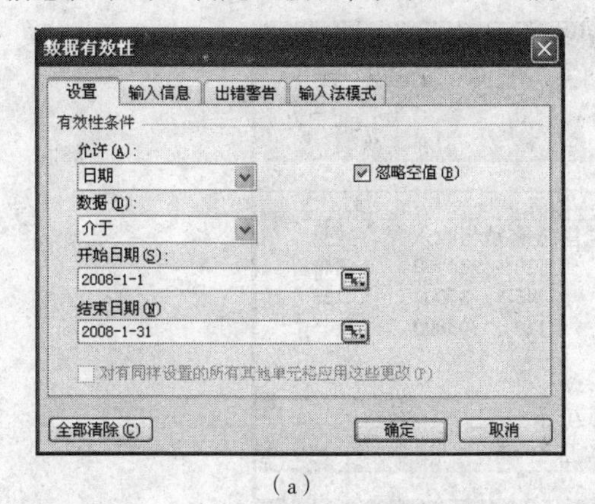

（a）

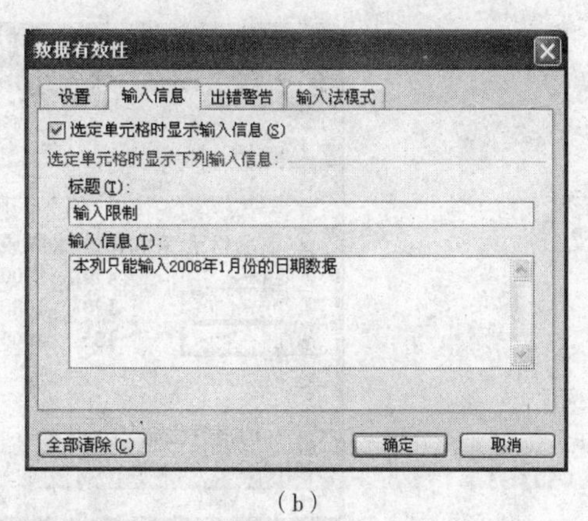

（b）

图 16-10 数据有效性对话框

步骤 4 参照步骤 1～3 设置 C、D、E 列数据有效性为介于“－10000～10000”。

5. 设置条件格式

步骤 1　选中 D 列，在“格式”菜单中，选择“条件格式”命令。打开“条件格式”对话框。

步骤 2　设置一个适当的条件，这里的条件是“单元格数值大于或等于 500”，单击“格式”按钮，设置符合条件的单元格以“蓝底红字”显示出来，单击“确定”按钮。如图 16-11 所示。

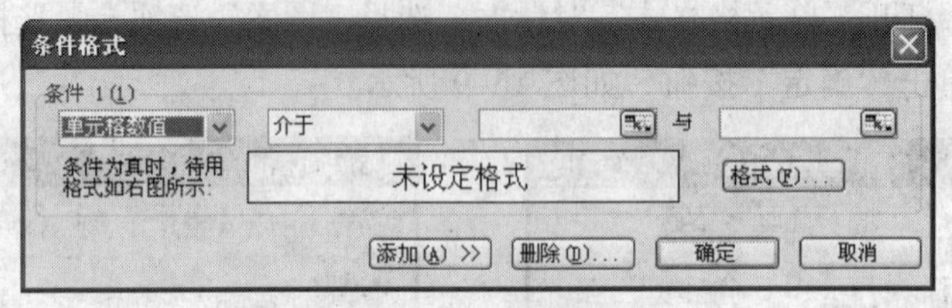

图 16-11　条件格式对话框

步骤 3　保存。单击常用工具栏上的“保存”按钮，保存文档。

实验十七　商品明细表的制作

【实验目的和要求】

（1）本实验通过一张商品明细表的创建，帮助学生掌握与公式的计算和复制、单元格格式、超链接以及数据的引用、统计、汇总有关的操作，并对利用 Excel 进行账务管理方式有所了解。

（2）本工作簿命名为：“库存商品明细账”；内含四张工作表，分别为“库存商品总账”、“AM－889”、“DX－120”、“LY－332”；如图（17-1、17-2、17-3、17-4）所示。

（3）后三张工作表为商品明细表，其中购入与卖出金额＝数量×单价，由公式自动计算获得；结存一栏也由公式自动计算获得，参照：G5＝G4＋A5－D5，复制而成。

（4）在“库存商品总账”工作表，商品目录一栏中各商品名称均设置超链接，以便点击后能链接至对应的商品明细表；采购总量、销售总量、采购成本、销售收入四栏，均通过 sum 函数并引用对应商品表中的相关数据自动计算获得；结存数量由公式自动计算获得，结存数量＝采购总量－销售总量。

	A	B	C	D	E	F
1	商品目录	采购总量	采购成本	销售总量	销售收入	结存数量
2	AM－889	470	570000	130	210000	340
3	DX－120	170	108000	45	37000	125
4	LY－332	185	400500	120	303000	65
5						
6						

图 17-1　“库存商品总账”工作表

Microsoft Excel - 库存商品明细帐.xls

文件(F) 编辑(E) 视图(V) 插入(I) 格式(O) 工具(T) 数据(D) 窗口(W) 帮助(H)

宋体 12

A5 100

	A	B	C	D	E	F	G
1	商品名称：AM－889						
2	购入(入库)			卖出(出库)			结存
3	数量	单价	金额	数量	单价	金额	数量
4							
5	100	1200.00	120000.00			0.00	100
6	250	1200.00	300000.00			0.00	350
7			0.00	120	1600.00	192000.00	230
8			0.00	10	1800.00	18000.00	220
9	120	1250.00	150000.00			0.00	340
10			0.00			0.00	340
11			0.00			0.00	340
12			0.00			0.00	340
13			0.00			0.00	340
14			0.00			0.00	340
15			0.00			0.00	340
16			0.00			0.00	340
17			0.00			0.00	340
18			0.00			0.00	340
19			0.00			0.00	340

库存商品总帐 / AM-889 / DX-120 / LY-332

就绪

图 17-2 “AM-889”工作表

Microsoft Excel - 库存商品明细帐.xls

文件(F) 编辑(E) 视图(V) 插入(I) 格式(O) 工具(T) 数据(D) 窗口(W) 帮助(H)

宋体 12

E10

	A	B	C	D	E	F	G
1	商品名称：DX-120						
2	购入(入库)			卖出(出库)			结存
3	数量	单价	金额	数量	单价	金额	数量
4							
5	50	600.00	30000.00			0.00	50
6			0.00	40	800.00	32000.00	10
7			0.00	5	1000.00	5000.00	5
8	120	650.00	78000.00			0.00	125
9			0.00			0.00	125
10			0.00			0.00	125
11			0.00			0.00	125
12			0.00			0.00	125
13			0.00			0.00	125
14			0.00			0.00	125
15			0.00			0.00	125
16			0.00			0.00	125
17			0.00			0.00	125
18			0.00			0.00	125
19			0.00			0.00	125

库存商品总帐 / AM-889 / DX-120 / LY-332

就绪

图 17-3 “DX-120”工作表

Microsoft Excel - 库存商品明细帐.xls

文件(F) 编辑(E) 视图(V) 插入(I) 格式(O) 工具(T) 数据(D) 窗口(W) 帮助(H)

宋体 12

E7 2500

	A	B	C	D	E	F	G
1	商品名称：LY-332						
2	购入(入库)			卖出(出库)			结存
3	数量	单价	金额	数量	单价	金额	数量
4							
5	45	2100.00	94500.00			0.00	45
6	120	2200.00	264000.00			0.00	165
7			0.00	100	2500.00	250000.00	65
8			0.00	20	2650.00	53000.00	45
9	20	2100.00	42000.00			0.00	65
10			0.00			0.00	65
11			0.00			0.00	65
12			0.00			0.00	65
13			0.00			0.00	65
14			0.00			0.00	65
15			0.00			0.00	65
16			0.00			0.00	65
17			0.00			0.00	65
18			0.00			0.00	65
19			0.00			0.00	65

库存商品总帐 / AM-889 / DX-120 / LY-332

就绪

图 17-4 “LY-332”工作表

【实验步骤】

步骤 1 按下列格式和内容建好第一张工作表，如图 17-5 所示；其中，将 A4：G30 区域的单元格格式设置为数值，小数位数为两位，对齐方式为水平靠右。其中，将需要利用单元格数据“合并及居中”这一工具按钮；另外，先拖动鼠标选中 A4:G30 区域，然后利用“格式”菜单中的“单元格”子菜单（或利用右击选择快捷菜单中的“设置单元格格式”命令），可完成格式设置操作，如图 17-5 所示。

	A	B	C	D	E	F	G	H	I	J
1	商品名称：									
2	购入(入库)			卖出(出库)			结存			
3	数量	单价	金额	数量	单价	金额	数量			

图 17-5 数据区域的相关格式设置

步骤 2 分别在 C5、E5 和 G5 中输入题意要求的相应公式，并将其分别复制到各栏对应的单元格中，直至 C30、E30、G30；单元格公式的复制可采用直接拖动的方式，即选定已输入公式的单元格，当光标置于单元格右下方呈实心十字形时，拖动鼠标至需要复制的单元格区域的最后一个单元格，再松开鼠标。此时工作表效果如图 17-6 所示：

	A	B	C	D	E	F	G	H	I	J
1	商品名称：									
2	购入(入库)			卖出(出库)			结存			
3	数量	单价	金额	数量	单价	金额	数量			
4										
5			0.00			0.00	0			
6			0.00			0.00	0			
7			0.00			0.00	0			
8			0.00			0.00	0			
9			0.00			0.00	0			
10			0.00			0.00	0			
11			0.00			0.00	0			
12			0.00			0.00	0			
13			0.00			0.00	0			
14			0.00			0.00	0			
15			0.00			0.00	0			
16			0.00			0.00	0			
17			0.00			0.00	0			
18			0.00			0.00	0			
19			0.00			0.00	0			

图 17-6 公式的录入与复制

步骤 3 右击工作表“Sheet1”，在弹出的快捷菜单中选择“移动或复制工作表”命令（或“编辑”菜单中同名子菜单），在弹出的对话框中，选定“建立副本”复选框，将此工作表另外复制两份；并对三个工作表进行重命名（直接利用右击快捷菜单）为 AM－889、DX－120、LY－332；然后，在三个工作表中，按题意要求填入相关数据值，有公式的单元格将自动生成新的数据。最终完成原题中显示的后三张工作表（有关商品明细）的相关形式和内容。

步骤 4 利用“插入”菜单中的“工作表”命令，在上述工作簿中创建一张新的工作表，并将其重命名为：库存商品总账，格式如图 17–7 所示。

Microsoft Excel － 库存商品明细帐.xls

A4 LY－332

	A	B	C	D	E	F
1	商品目录	采购总量	采购成本	销售总量	销售收入	结存数量
2	AM－889	470	570000	130	210000	340
3	DX－120	170	108000	45	37000	125
4	LY－332	185	400500	120	303000	65
5						
6						

库存商品总帐 / AM-889 / DX-120 / LY

图 17–7 建立新工作表：库存商品总账

其中，商品目录以后的各单元格内容，先选定相关单元格，再选择“插入”菜单中的“超链接”子菜单（或直接利用右击快捷菜单中的“超链接”命令），在弹出的“插入超链接”对话框中，在“或在这篇文档中选择位置”栏中选择需要链接的、对应的目标工作表名称（见图 17–8），这样在此工作表中点击相关的商品名称，光标即会跳至对应的商品明细表处。

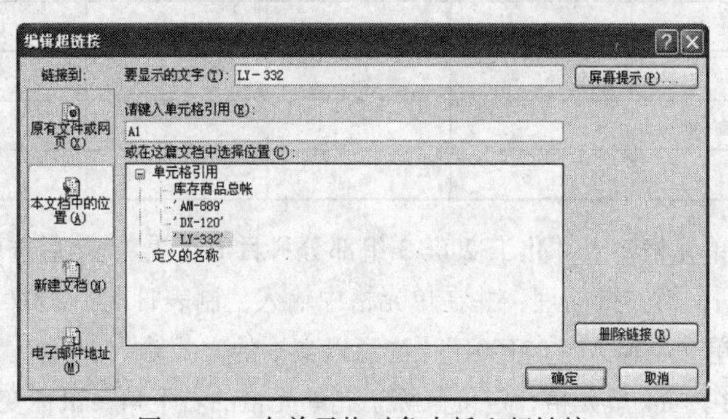

图 17–8 在单元格对象中插入超链接

步骤 5 上述“库存商品总账”工作表，请在 B2、C2、D2、E2 四个单元格中分别录入下列四个函数：SUM('AM–889'!A4:A30)、SUM('AM–889'!C4:C30)、SUM('AM–889'!D4:D30)、SUM('AM–889'!F4:F30)；亦可依照插入函数的方式利用可视化操作界面（鼠标操作方式）将上述四函数写入相应的单元格中，这样该四个单元格中的数据将通过函数引用到对应商品表中的相关数据，并随后者的变化而动态变化。其余两项产品（DX–120、LY–332）的处理方式同上。

步骤 6 “库存商品总账”工作表中的最后一栏，可利用公式：结存数量 = 采购总量 – 销售总量，一并获得。

步骤 7 将文档以“库存商品明细账”文件名存于辅导教师指定的目录中。

实验十八 Excel 的数据管理

【实验目的和要求】

（1）以学生成绩表为样本，利用公式或函数求每个学生的平均成绩及每一科目的平均成绩；

（2）利用筛选功能实现成绩统计，如各分段成绩的人数；

（3）利用 if 函数以表示某学生的成绩等级。

【实验步骤】

（1）启动 Excel 2003，在空白工作表中输入以下数据，并以自己的姓名为文件名保存到硬盘上：

表 18-1 学生成绩表

化工 2 班 3 组部分科目成绩表						
制表日期：2007-06-03						
学 号	姓 名	高等数学	大学英语	计算机基础	总 分	总 评
071001	王大伟	92	89	90		
	张 三	89	86	80		
	李 四	79	89	56		
	王 二	89	83	89		
	丁 一	78	89	67		
	刘 六	56	78	89		
	齐 七	78	89	69		
	赵 山	85	94	92		
	最高分					
	平均分					

步骤 1 在 A1 单元格输入“化工 2 班 3 组部分科目成绩表”，然后选中 A1:G1 单元格，单击合并及居中按钮，第二行同理，并在单元格中输入“制表日期：2007-06-03”。

步骤 2 在 A4 单元格输入“071001”（注意以文本的方式输入）

步骤 3 再次选中 A4 单元格，定位鼠标于此单元格的右下角，鼠标变成填充柄后（黑色实心十字架），拖动鼠标直至 A11 单元格，放开鼠标，系统会自动填充其他同学的学号（从 071002 到 071008）。

步骤 4 输入完毕后，选中所有已经输入的单元格，将对齐方式设置为居中。

（2）使用函数计算每个学生的总分（SUM 函数）。

步骤 1 选中 F4 单元格，在编辑栏输入公式“=SUM(C4:E4)”，按【Enter】键，会出现一号同学的总成绩“271”分。

步骤 2 再次选中 F4 单元格，定位鼠标于此单元格的右下角，鼠标变成填充柄后，拖动鼠标直至 F11 单元格，放开鼠标，系统会自动填充其他同学的总分。

（3）用相同办法求出各科目的最高分和平均分。

（4）再利用 IF 函数在总评栏写出优秀学生（总分≥260 分为“优秀学生”，其余不填）

步骤 1　在 G4 单元格中输入公式“=IF(F4>=260,"优秀学生"," ")”,按【Enter】键，G4 单元格将出现“优秀学生”几个字。

步骤 2　用填充柄把 G4 中的公式复制到 G5:G11 中，系统自动填充其他同学的总评。

（5）保存文件到 E 盘根目录下，文件名为“成绩表”。

实验十九　Excel 数据的图表化

【实验目的和要求】

（1）掌握嵌入图表和独立图标的建立方法；

（2）熟悉移动、调整图表大小，更换图表类型的方法；

（3）掌握图表的编辑、格式化；

（4）掌握数据透视表的建立方法。

【实验步骤】

1. 创建图表

步骤 1　建立如图 19-1 工作表，选中需要生成图表的数据区域 A1:D4

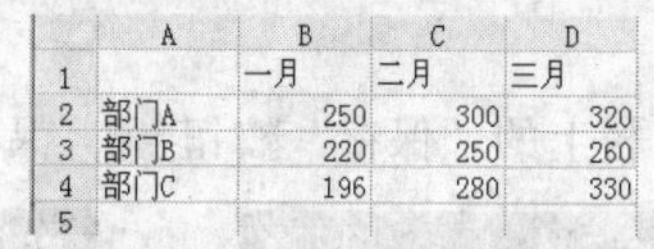

	A	B	C	D
1		一月	二月	三月
2	部门A	250	300	320
3	部门B	220	250	260
4	部门C	196	280	330
5				

图 19-1　销售业绩数据表

步骤 2　单击“常用”工具栏上的“图表向导”按钮 。或者选择菜单“插入”|“图表”命令。打开“图表向导”对话框。

步骤 3　选择默认的“图表类型”为“柱形图”和“子图表”类型，单击对话框右下方的“按下不放可查看示例”按钮，将得到图表外观的预览，如图 19-2 所示。

图 19-2　图表向导—步骤 1

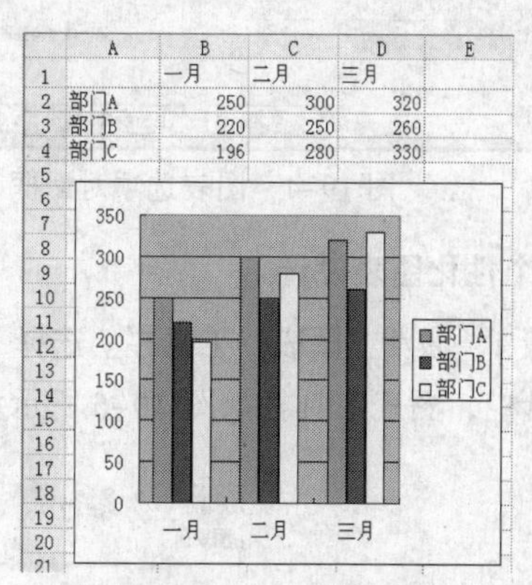

图 19-3　图表初步外观

步骤 4 单击“完成”按钮，在当前工作表中得到生成的图表，如图 19–3 所示。

步骤 5 动态更新表数据，观测图表数据变化。如将 B3 单元格的数据由 220 改为 240，按【Enter】键后，观察图表的变化。

步骤 6 选择“图表”菜单中的“图表选项”命令，打开“图表选项”对话框。设置“标题”选项区中的“图表标题”为“新异广告公司销售部”，“分类（X）轴”为“业绩（万元）”，“数值（Y）轴”为“第一季度销售量”，单击“确定”按钮，如图 19–4 所示

2．移动、调整图表大小

步骤 1 移动图表。单击图表的边框，图表的四角和四边将出现八个黑色的小正方形。按住鼠标不放，移动鼠标，这时鼠标指针会变成四向箭头✣和虚线，继续移动鼠标，同时图表的位置随着鼠标的移动而改变。

步骤 2 单击图表的边框，图表的四角和四边将出现八个黑色的小正方形。

步骤 3 将鼠标指针移动到某个正方形上，然后拖动它就可以改变图表的大小。

3．更换图表类型

步骤 1 单击图表的边框，选中图表。

步骤 2 然后选择菜单“图表”→“图表类型”命令，打开“图表类型”对话框。

步骤 3 将图表类型改为“折线图”。在图表类型列表框中选择“数据点折线图”选项，子图表类型为默认，按住“按下不可放可查看示例”按钮，预览该图表类型得到的效果图，如图 19–5 所示。（可以尝试一下更改为其他的图表类型后的显示效果。通过这些操作，大家可以明白：同样的数据在不同的图表类型下，显示的效果可以有很大的差别，而具体选择哪种图表类型，则视需要而定）

步骤 4 保存。单击常用工具栏上的“保存”按钮 ，保存文档。

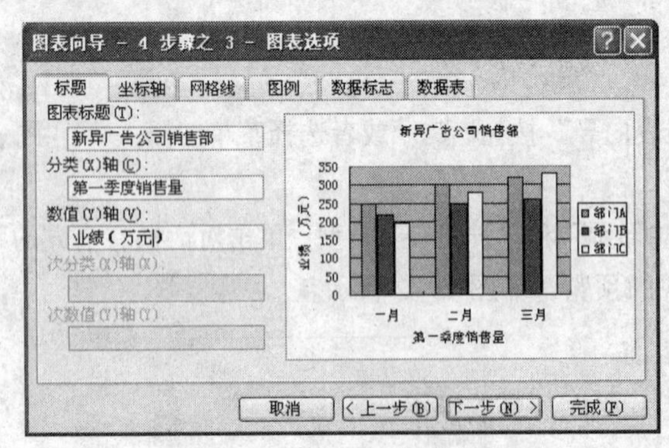

图 19–4 图表选项对话框

图 19–5 图表类型对话框

4．个性化图表设计

步骤 1 激活“图表”工具栏。选择“视图”菜单中的“工具栏”→“图表”命令，激活“图表”工具栏，图表工具栏如图 19–6 所示。

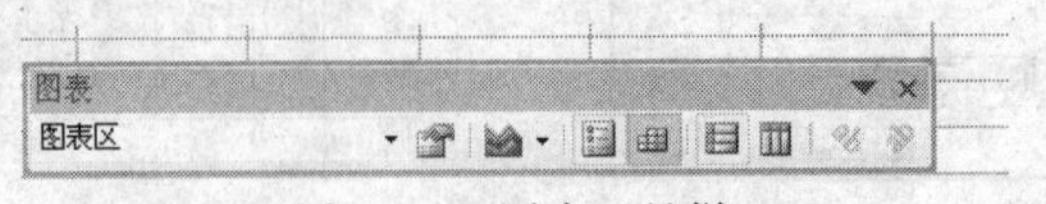

图 19–6 图表工具栏

步骤 2 删除图表的网格线。单击“图表”工具栏上的“图表对象”下拉列表框的下三角按钮，在弹出的列表中选择“数值轴主要网格线”选项，可以看到图表中的网格线已经被选中，按【Delete】键，即可把网格线删除。

步骤 3 修改各标题的字体。修改“图表标题”的字体为“黑体”，则先选中“图表标题”，然后在“格式”工具栏中修改即可。右击“图表标题”，在弹出的菜单中选择“图表标题格式”命令，通过打开的“图表标题格式”对话框进行修改。如图 19-7 所示。（其他标题和字体的修改方法相同，可以参照进行。）

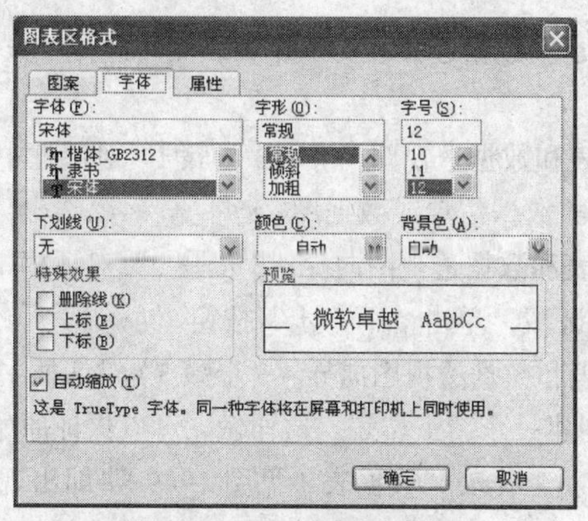

图 19-7 图表标题格式对话框

步骤 4 使用数据标签。右击空白图表区域，然后在快捷菜单上选择“图表选项”命令。或者先选中图表区，然后选择菜单“图表”→“图表选项”命令。打开“图表选项”对话框。单击“数据标志”选项卡，选择“值”复选框，可以在右边的预览框中查看具体效果，如图 19-8 所示。

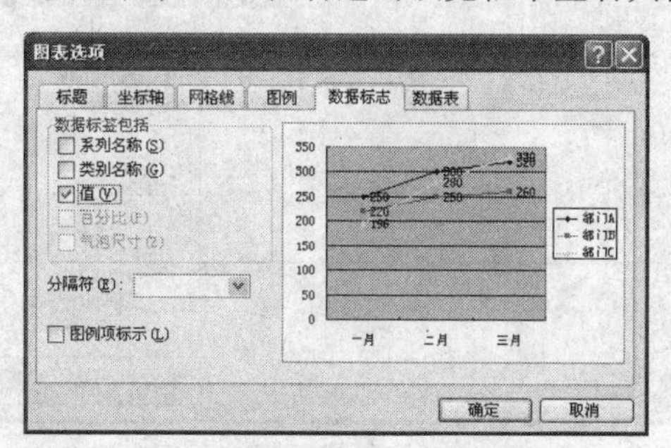

图 19-8 图表选项对话框

步骤 5 修改绘图区背景颜色。选中绘图区右击，在弹出的快捷菜单中选择“绘图区格式”命令，打开“绘图区格式”对话框。单击“填充效果”按钮，打开“填充效果”对话框，在“渐变”选项卡的“变形”区，选择第一个渐变效果，单击“确定”按钮。返回“绘图区格式”对话框，如果不需要绘图区的边框，在“边框”区选中“无”单选框。单击“确定”按钮后，返回 Excel 编辑窗口，可以看到绘图区的背景变为渐变效果，看上去更美观。

步骤 6 修改数据系列颜色。选中系列“部门一”右击，在弹出的菜单中选择“数据系列格式”命令，打开“数据系列格式”对话框。在“图案”选项卡中，为了去掉柱形的边框，选中“边框”区的“无”单选框，然后单击“填充效果”按钮，打开“填充效果”对话框。在“渐变”选项卡内，“底纹样式”选项区选择“垂直”单选框，然后在“变形”选项区选择第一种渐变效果，单击两次“确定”按钮返回 Excel 编辑窗口。用同样的方法，修改其他两个数据系列的颜色。

步骤 7　修改图例。将鼠标移至图例的边框，单击以选中“图例”，再右击，在弹出的快捷菜单中选择“图例格式”命令，打开“图例格式”对话框。在“边框”选项区选择颜色为紫色，然后选择“阴影”复选框，单击“确定”按钮返回 Excel 编辑窗口。可以看到图例的边框变为紫色，并且带有阴影效果。

5. 创建数据透视表

步骤 1　将光标移至需建立数据透视表的工作表，然后选择“数据”→“数据透视表和数据透视图”命令。

步骤 2　在“数据透视表和数据透视图向导 - 3 步骤 1”对话框中，单击“下一步”按钮（选择默认选项，“Microsoft Excel 数据清单或数据库”）。

步骤 3　在“数据透视表和数据透视图向导 - 3 步骤 2”对话框中，“选定区域”选项区中，选定工作表的（整个）数据区域，单击“下一步”按钮。

步骤 4　在“数据透视表和数据透视图向导 - 3 步骤 3”对话框中，选择默认选项“新建工作表”，在当前工作表的左侧创建一个新工作表。这样做，可以保证原始数据的安全以及可利用性。单击“完成”按钮后，一张新工作表“数据表（见图 19-9）”即出现在当前工作表的左侧。

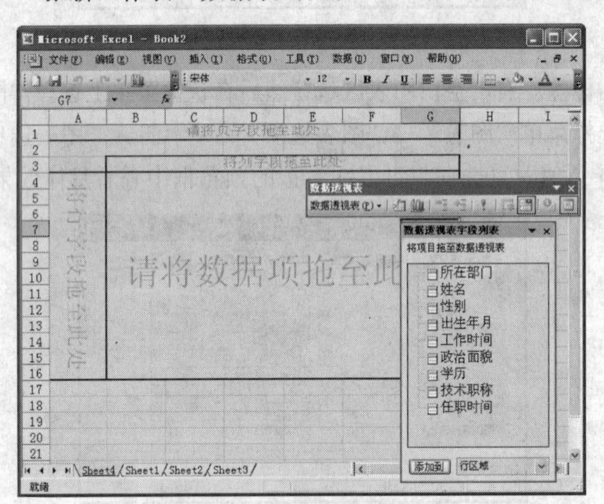

图 19-9　数据透视表示例

实验二十　演示文稿的建立与编辑

【实验目的和要求】

本节通过实例操作让读者掌握 PowerPoint 的启动、退出方法。熟悉 PowerPoint 的窗口界面，熟练运用 PowerPoint 演示文稿的创建方法。掌握在幻灯片上调整版式、录入文本、插入对象、设计模板、改变背景、编辑母版等操作。

（1）创建演示文稿；

（2）录入文本及文本格式化；

（3）插入对象及对象格式化；

（4）应用设计模板；

（5）编辑母版。

【实验步骤】

1. 创建演示文稿

步骤 1　启动。常用的启动 PowerPoint 的方法有：（1）双击桌面的 PowerPoint 图标。（2）选择“开始”→“程序”→“PowerPoint 2003”命令。（3）选择任意 PowerPoint 文档，双击打开。（4）进入 Office 安装路径，直接运行 PowerPoint 应用程序。

步骤 2　新建演示文稿。新建演示文稿的方法主要有：（1）选择“新建演示文稿”下拉菜单中的“空演示文稿”命令。（2）选择“新建演示文稿”下拉菜单中的“根据设计模板”命令。（3）选择“新建演示文稿”下拉菜单中的“根据内容提示向导”命令。（4）选择“新建演示文稿”下拉菜单中的“根据现有演示文稿”命令。这里选择第一种方法建立一个演示文档，如图 20-1 所示。（注：新建的演示文稿只有一张标题幻灯片。）

步骤 3　插入新幻灯片。选择“插入”→“新幻灯片”命令（或使用【Ctrl + M】组合键，或在“格式”工具栏上单击“新幻灯片(N)”按钮插入幻灯片。重复操作，插入五张新幻灯片。

步骤 4　修改幻灯片版式。选择演示文稿的第二张幻灯片，选择“任务网格”中的“幻灯片版式”选项。在“文字版式”中选择“只有标题”版式。用类似的方法设置第三张幻灯片的版式为“标题和文本”，第四张幻灯片版式为“标题和表格”，第五张幻灯片版式为“标题和内容”，第六张幻灯片版式为“空白”，如图 20-2 所示。

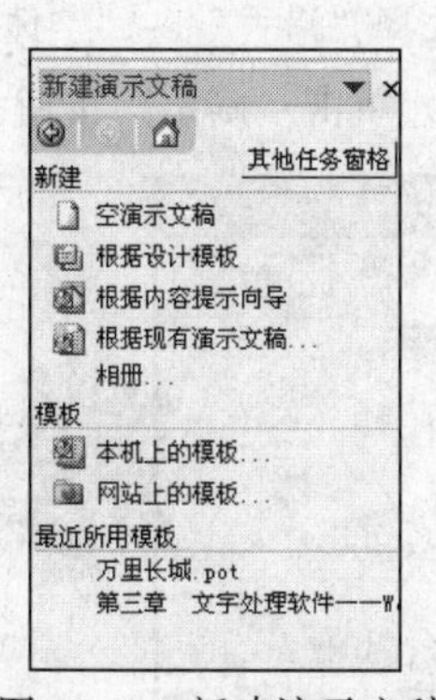

图 20-1　新建演示文稿

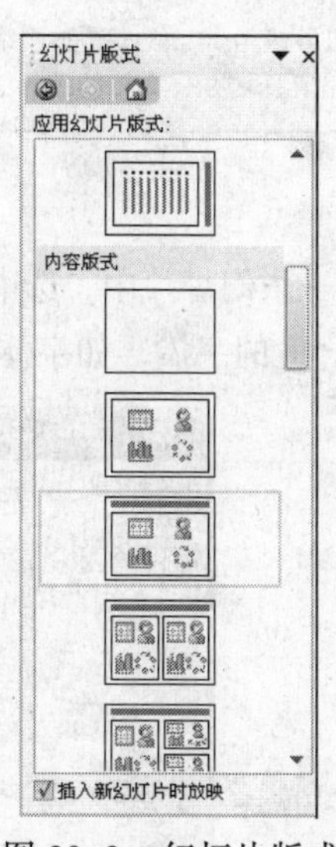

图 20-2　幻灯片版式

步骤 5　保存演示文稿。保存 PowerPoint 的常用方式有：（1）选择“文件”→“保存”命令；（2）选择“常用”工具栏中“保存”命令；（3）使用【CTRL+S】组合键；（4）选择“文件”→“另存为”命令，打开“另存为”对话框，选择合适的保存位置（如 D:\MYDATA 文件夹），以文件名“个人简历.PPT”保存，如图 20-3 所示。（注：使用前三种方法时，如第一次保存会打开

"另存为"对话框。)

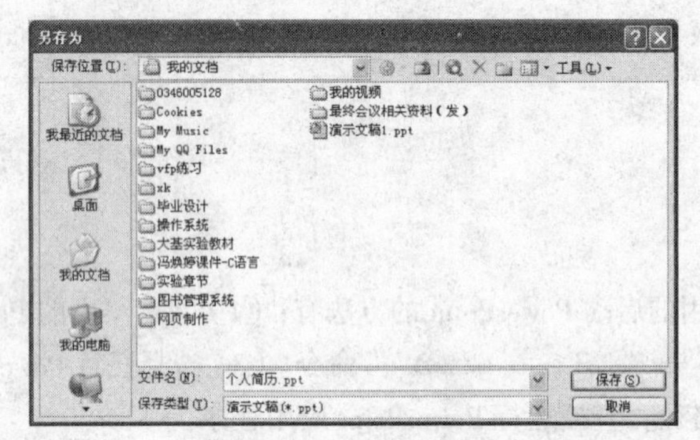

图 20-3　另存为对话框

2．录入文本及文本格式化

步骤 1　在占位符处录入文本。在第一张幻灯片的"标题"占位符处录入"个人简历"，在"副标题"占位符处录入"××学院××届××专业　张三"。在第二张幻灯片的"标题"占位符处录入"简历要目"，在"文本"占位符处录入文本。在第三张幻灯片的"标题"占位符处录入"英语与计算机水平"，在"文本"占位符处录入如图 20-4 中的文本。在第四张幻灯片的"标题"占位符处录入"求学经历"。在第五张幻灯片的"标题"占位符处录入"荣誉证书"。

- 英 语 水 平：

  能熟练的进行听、说、读、写。并通过国家英语四级考试。尤其擅长撰写和回复英文商业信函，熟练运用网络查阅相关英文资料并能及时予以翻译。

- 计 算 机 水 平：

  国家计算机等级考试二级，熟悉网络和电子商务。精通办公自动化，熟练操作 Windows98/2k。能独立操作并及时高效的完成日常办公文档的编辑工作。

图 20-4　需编辑的文本信息

步骤 2　在第一张幻灯片中，选中"标题"占位符，选择"格式"→"字体"命令，打开"字体对话框"，设置合适的字体，如字体设置为"华文行楷"，单击"确定"按钮。如图 20-5 所示。

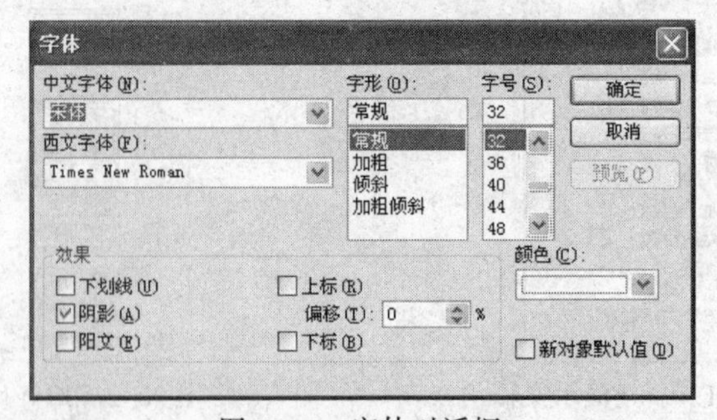

图 20-5　字体对话框

步骤 3　参照步骤二，将第一张至第五张幻灯片中其他占位符设置合适的字体格式。

3．插入对象及对象格式化

步骤 1　插入动作按钮。在第二张幻灯片中，选择"幻灯片放映"→"动作按钮"→"自定义”命令，在幻灯片中插入三个“动作按钮：自定义”。单击插入的“动作按钮：自定义”拖动边角处黑色小方框，改变“动作按钮：自定义”的大小为合适大小。调整三个“动作按钮：自定义”的位置，使其排于一行。

步骤 2 插入来自文件的图片。在第二张幻灯片中，选择“插入”→“图片”→“来自文件”命令。打开“插入图片”对话框，选择一张适合作为个人简介的图像。如图 20-6 所示（例如选择下图中的“示例图片.gif”）。单击“确定”按钮。选择插入的图片，拖动边角处黑色小方框，改变图片的大小为合适大小。

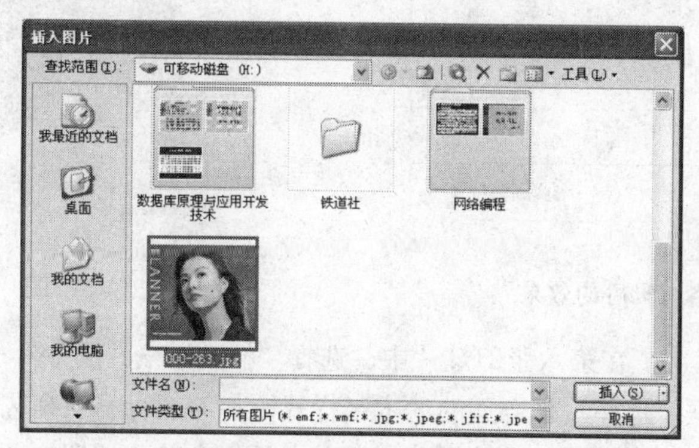

图 20-6 插入图片对话框

步骤 3 编辑动作按钮的显示文字。在第二张幻灯片中选择左起第一个“动作按钮”右击，选择快捷菜单中的“添加文字”命令，并添加文字为“英语与计算机水平”。将其他两个动作按钮的显示文字分别设置为“求学经历”和“荣誉证书”。编辑后效果如图 20-7 所示。

图 20-7 编辑后的效果

步骤 4 插入表格。在第四张幻灯片中，双击表格占位符中的添加表格处，打开“插入表格”对话框。设置列为三列，行为五行，单击“确定”按钮，如图 20-8 所示。

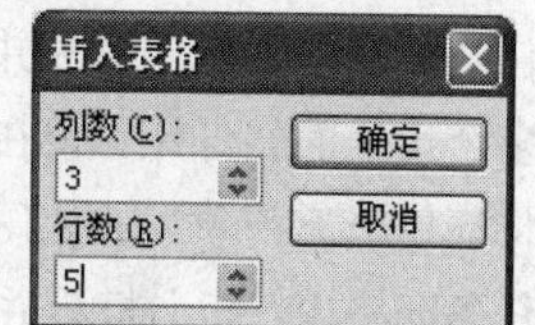

图 20-8 插入表格对话框

步骤 5 编辑表格数据。选中插入的表格，拖动表格的框线设置表格各列合适的宽度，设置表格表头为“年份”、“所在学校”、“担任职务”，在表格中输入合适的数据，并利用表格工具栏中的

"垂直居中"按钮设置表格数据为"垂直居中"，如图 20-9 所示。

步骤 6 利用占位符插入图片。在第五张幻灯片中，单击"图标添加内容"中的"插入图片"按钮，插入一张合适的图片。调整其大小、位置，效果如图 20-10 所示。

求学经历

年份	所在学校	担任职务
2000年－2003年	北京四中	班长
2003年－2007所	清华大学计科系	学习委员

图 20-9 表格编辑后的效果

图 20-10 图片插入后的效果

步骤 7 插入艺术字。在第六张幻灯片中，选择"插入"→"图片"→"艺术字"命令，打开"艺术字库"对话框。选择一种合适的艺术字样式（如第三行第三列艺术字样式），单击"确定"按钮，如图 20-11 所示，并在"编辑艺术字"对话框中输入"谢谢阅读!"。

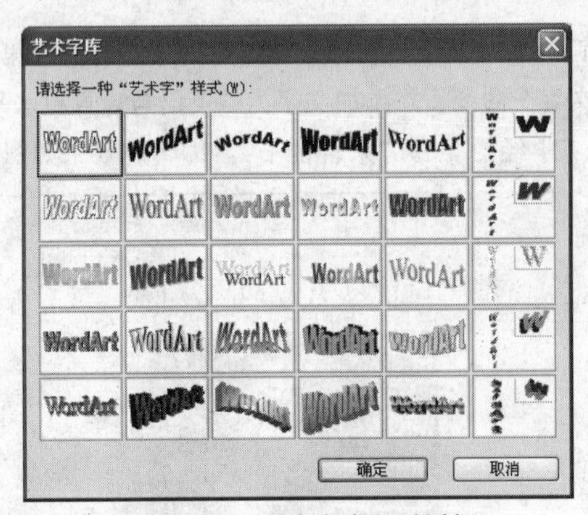

图 20-11 "艺术字库"对话框

步骤 8 调整艺术字位置、大小到合适位置、大小。

4．应用设计模板

步骤 1 选择"格式"→"幻灯片设计"命令。打开"幻灯片设计"任务窗格。

步骤 2 根据需要有如下设置情况：（1）若要对所有幻灯片（和幻灯片母版）应用设计模板，请单击所需模板。（2）若要将模板应用于单个幻灯片，请选择"幻灯片"选项卡上的缩略图；在任务窗格中，指向模板并单击箭头，再单击"应用于选定幻灯片"按钮。（3）若要将模板应用于多个选中的幻灯片，请在"幻灯片"选项卡上选择缩略图，并在任务窗格中单击模板。（4）若要将新模板应用于当前使用其他模板的一组幻灯片，请在"幻灯片"选项卡上选择一个幻灯片；在任务窗格中，指向模板并单击箭头，再单击"应用于母版"按钮。（如在本实例中，笔者要对所有幻灯片和幻灯片母版应用设计模板，故单击"万里长城.pot"模板，将所有幻灯片模板设置为"万里长城.pot”。）如图 20-12 所示。

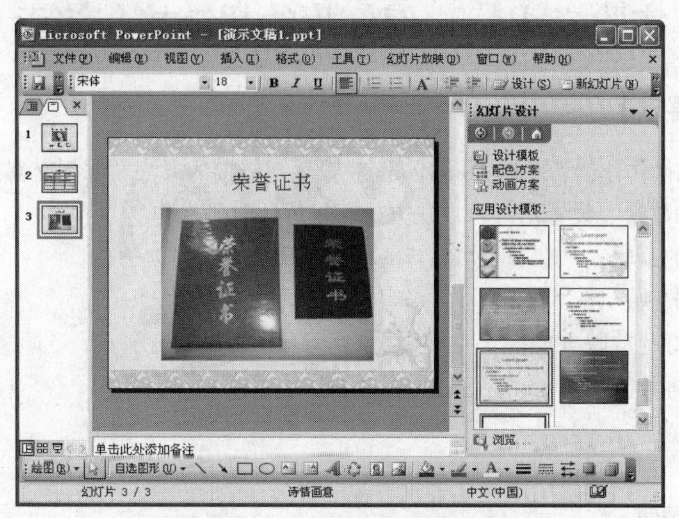

图 20-12　应用设计模板后的效果

5. 编辑母版

步骤 1　选择“视图”→“母版”→“幻灯片母版”命令，打开母版编辑模式，如图 20-13 所示。

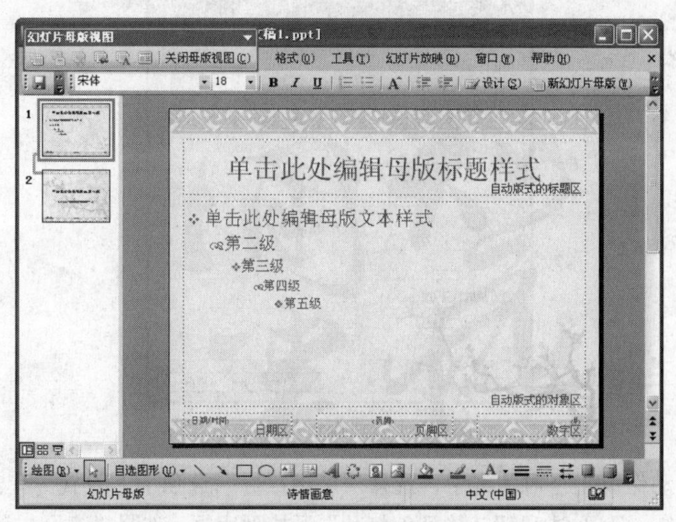

图 20-13　母版设计视图

步骤 2　选择“幻灯片母版”选项，单击“页脚区”的“页脚”，输入“张三个人简历”。

步骤 3　选择“幻灯片母版”工具栏上的“关闭母版视图”命令，关闭母版视图，如图 20-14 所示。

图 20-14　幻灯片母版工具栏

步骤 4　单击常用工具栏上的“保存”按钮，保存个人简历演示文稿。

实验二十一　幻灯片的超链接与演示

【实验目的和要求】

本节通过实例操作让读者掌握 PowerPoint 中设置超链接的方法。掌握交互式演示文稿的设计方法。掌握幻灯片放映、设置幻灯片放映方式、排练计时等操作。

（1）超链接的编辑；

（2）幻灯片放映；

（3）设置幻灯片放映方式；

（4）设置排练计时。

【实验步骤】

1. 超链接的编辑

步骤 1　打开“个人简历.ppt”演示文稿，在上一节的基础上编辑超级链接。

步骤 2　在第二张幻灯片中，选中“英语与计算机水平”动作按钮，选择“插入”→“超链接”命令，打开“动作设置”对话框。如图 21-1 所示。

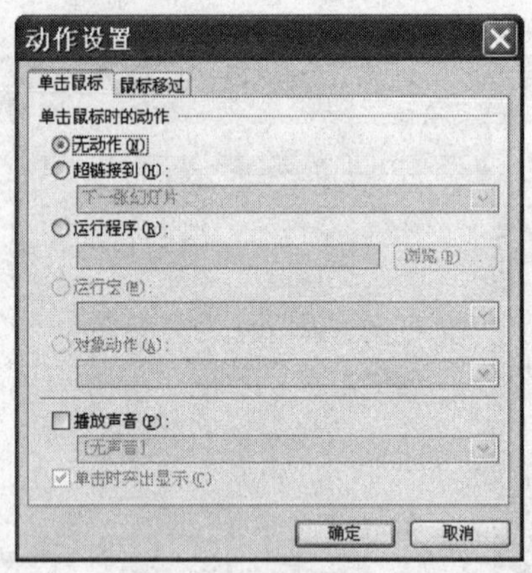

图 21-1　动作设置对话框

步骤 3　在“动作设置”对话框中，选择“单击鼠标”选项卡，设置“单击鼠标时的动作”为超链接到“幻灯片…”，单击“超链接到幻灯片”下拉列表框，选择“英语与计算机水平”选项。

步骤 4　参照步骤二、步骤三，设置“求学经历”动作按钮超链接到“求学经历”幻灯片，“荣誉证书”动作按钮超链接到“荣誉证书”幻灯片。

步骤 5　在“英语与计算机水平”幻灯片、“求学经历”幻灯片、“荣誉证书”幻灯片右下角，利用绘图工具栏上的“横排文本框 ”按钮分别插入一横排文本框。利用格式工具栏设置文本框文字为“返回”，字号为“20 磅”。

步骤 6　选中“英语与计算机水平”幻灯片中的“返回”文本框，选择“插入”→“超链接”命令，打开“插入超链接”对话框。选择“插入超链接”对话框中的“链接到:”选项区的“本文档中的位置”选项，在“请选择文档中的位置:”列表框中选择“简历要目”选项，单击“确定”按钮，如图 21-2 所示。

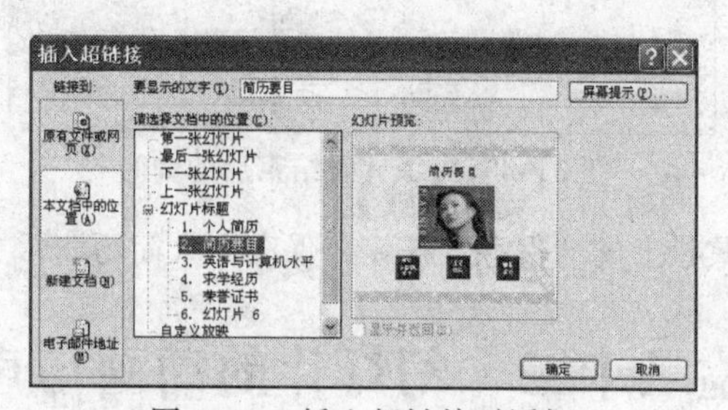

图 21-2 插入超链接对话框

步骤 7 参照步骤六，将“求学经历”和“荣誉证书”幻灯片中的“返回”文本框插入超链接到“简历要目”文本框。

步骤 8 单击常用工具栏上的“保存”按钮，保存个人简历演示文稿。

2. 幻灯片放映

步骤 1 在幻灯片中观看放映的方式主要有:(1)选择“幻灯片放映”→“观看放映”命令。(2)使用快捷键【F5】。(3)选择“视图”→“幻灯片放映”命令。(4)使用“视图切换区”的“从当前幻灯片开始放映幻灯片 ”按钮。使用这四种方法分别观看放映幻灯片，比较其不同。

步骤 2 在幻灯片观看放映过程中，验证各幻灯片设置的超链接。

3. 设置幻灯片放映方式

步骤 1 选择“幻灯片放映”→“设置放映方式”命令，打开“设置放映方式”对话框。如图 21-3 所示。

步骤 2 可根据需要设置放映类型，放映幻灯片，放映方式、换片方式等选项。

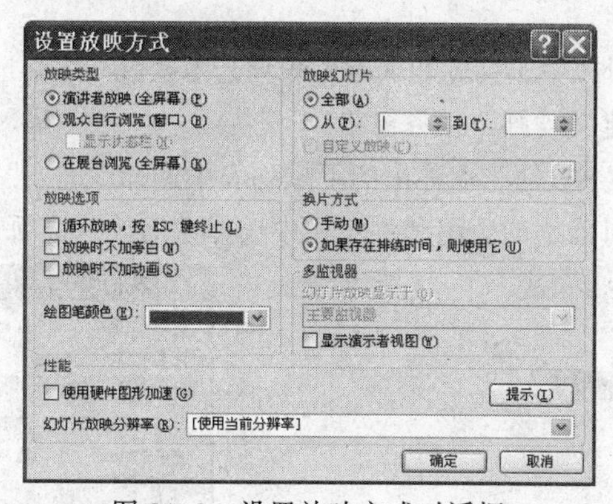

图 21-3 设置放映方式对话框

4. 设置排练计时

步骤 1 选择“幻灯片放映”→“排练计时”命令，可以激活幻灯片排练计时。

步骤 2 在“排练计时”过程中可以通过用户操作(如单击鼠标、按【Enter】键等)控制每张幻灯片播放的时间及幻灯片总的播放时间。当所有幻灯片播放完毕后，会提示用户是否使用排练计时播放，如图 21-4 所示。选择保留，即可在下次观看放映时使用排练时间播放幻灯片。尝试设置，并观察使用排练时间播放和不使用排练时间播放的区别。

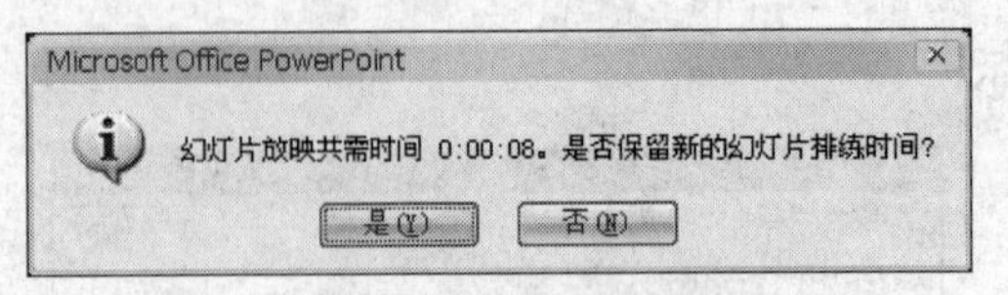

图 21-4　排练计时结束后的询问

步骤 3　单击常用工具栏上的“保存”按钮，保存个人简历演示文稿。

实验二十二　幻灯片的动画与声效

【实验目的和要求】

（1）在几张幻灯片中加入部分文字和图片内容，通过设置动画方案和自定义动画，熟练掌握 PowerPoint 中的动画设置和自定义动画；

（2）通过为幻灯片插入声音文件等操作，熟练掌握在幻灯片中插入图片、声音对象，并能正确设置其属性。

【实验步骤】

1. 为“领导艺术实践”演示文稿设置动画效果，练习翻页动画和项目动画的设置

步骤 1　打开“领导艺术实践”演示文稿，并选择第一张幻灯片。

步骤 2　选择“幻灯片放映”→“幻灯片切换”命令，打开“幻灯片切换”任务窗格。

步骤 3　在“应用于所选幻灯片”列表框中选择“左右向中央收缩”选项；在“修改切换效果”栏的“速度”下拉列表框中选择“快速”选项，在“声音”下拉列表框中选择“风铃”选项，如图 22-1 所示。

步骤 4　在幻灯片编辑区中选择标题文本“领导艺术实践”后，选择“幻灯片放映”→“自定义动画”命令打开“自定义动画”任务窗格。

步骤 5　单击[添加效果]按钮，在弹出的下拉列表中选择“进入”→“其他效果”选项。在打开的“更改进入效果”对话框的“温和型”栏中选择“缩放”选项，如图 22-2 所示。

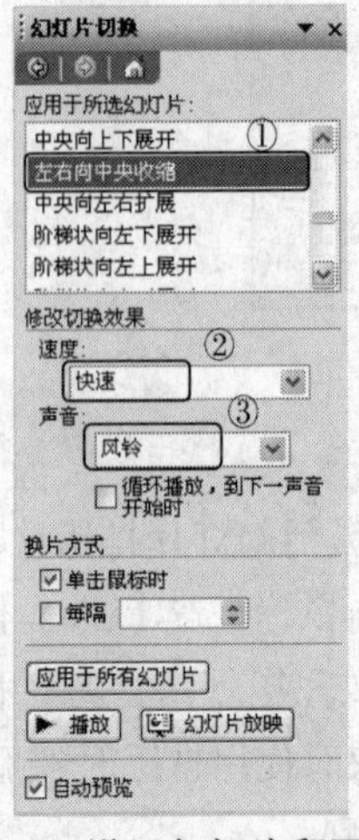

图 22-1　设置幻灯片翻页效果

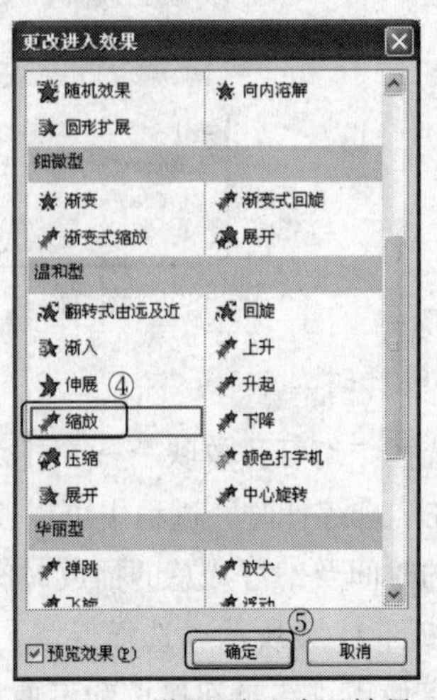

图 22-2　设置项目动画效果

步骤 6　单击“确定”按钮返回“自定义动画”任务窗格，在“修改：缩放”选项区中设置“开始”选项为“之前”、“显示比例”选项为“内”，“速度”选项为“中速”，如图 22-3 所示。

步骤 7　按相同的方法设置其他幻灯片的翻页和项目动画效果。

步骤 8　保存文档并退出。

2. 为“领导艺术实践”演示文稿添加声音

步骤 1　重新打开“领导艺术实践”演示文稿，并选择第一张幻灯片。

步骤 2　选择“插入”→“影片和声音”→“文件中的声音”命令，打开“插入声音”对话框。

步骤 3　在该对话框的“文件类型”下拉列表框中选择“声音文件”选项，找到要插入的声音文件后单击“确定”按钮，如图 22-4 所示。

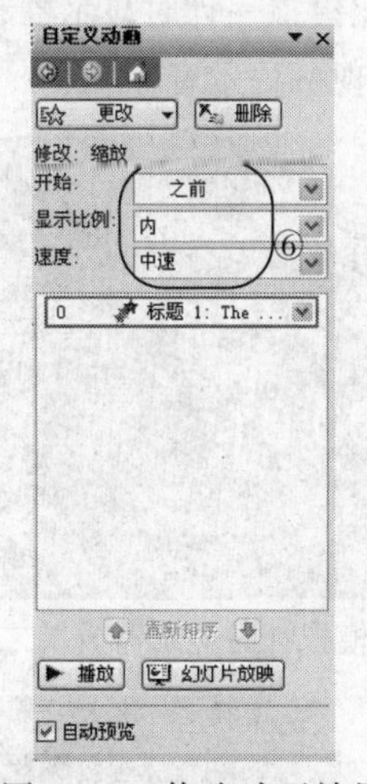

图 22-3　修改动画效果

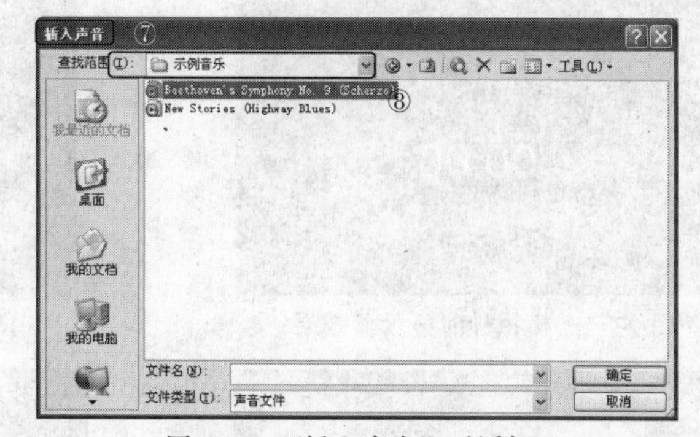

图 22-4　“插入声音”对话框

步骤 4　在打开的提示对话框中单击 自动(A) 按钮，完成制作后自动播放该幻灯片，即可听到声音。

步骤 5　在自定义动画中，单击刚才设置的声音动画，在其下拉列表框中选择“效果选项”，打开“播放 声音”对话框，如图 22-5 所示。将“停止播放”选项修改为“在 5 张幻灯片后”，单击“确定”按钮，再次播放该演示文稿，观察声音播放的区别。

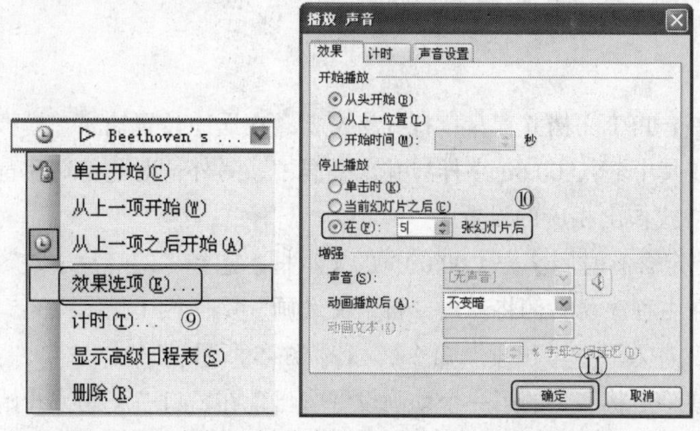

图 22-5　打开“播放声音”对话框并对其进行设置

实验二十三　幻灯片上制作模拟定时器

【实验目的和要求】

本实验利用 PowerPoint 中的“自定义动画”功能，通过在幻灯片中插入若干个记有时间字样的文本框，并利用这些文本框的动画设置，控制它们的进入和退出的先后顺序及延迟时间，并配合相应的动画声效，达到一个模拟计时显示器的效果。

（1）幻灯片初始播放时，只显现上面的一段文字：“模拟定时器”；

（2）当单击后，即出现图 23-1 所示画面；之后，每隔一秒即出现图 23-2、图 23-3 等后续画面，且每一画面出现时，均伴有某种动画声效（如滴嗒声），以此模拟一计时显示器；

（3）若干秒后（如 10 秒），显示结束，如图 23-4 所示；并出现一提示音。

图 23-1　模拟计时显示器效果一

图 23-2　模拟计时显示器效果二

图 23-3　模拟计时显示器效果三

图 23-4　模拟计时显示器效果四

【实验步骤】

步骤 1　新建一个 PPT 文档并存盘；打开该文档，在居中位置输入“模拟定时器”字样；再插入水平文本框，在其中输入 00:00 字样，并水平居中；另外，对此幻灯片背景、及相关文本内容的字体和字号等格式作出相应的设置。

步骤 2　单击选定含有时间字样（00:00）的文本框，选择“幻灯片放映”菜单中的“自定义动画”命令，此时在主程序窗右侧将弹出“自定义动画”操作栏（见图 23-5），在此栏中连续选择“添加效果”→“进入”→“出现”命令，如图 23-5 所示：

此时，有关对象（形状 2）的第一个动画设置将出现在窗口右下侧“开始”选项区中，如图 23-6 所示：

单击该动画右侧的下三角按钮，在出现的下拉列表框中选择“从上一项之后开始”选项，如图 23-7 所示。

图 23-5 添加效果一

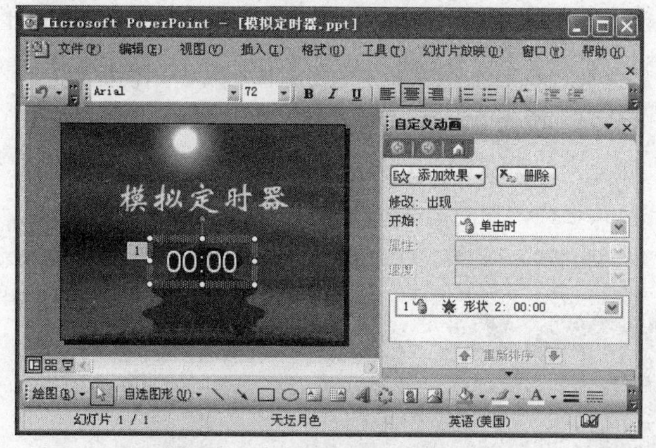

图 23-6 动画设置形状效果一

图 23-7 动画设置形状效果二

并且选择此下拉列表的“效果选项”命令，在弹出的“出现”对话框中，选择声效为“锤打”，以此来模拟秒表走动时的滴嗒声，如图 23-8 所示：

步骤 3 再次选定含有时间字样（00:00）的文本框，同样在主程序窗右侧的“自定义动画”操作栏中连续选择“添加效果”→“退出”→“消失”命令，将出现该对象（形状 2）的第二个动画；然后，同样单击该动画设置右侧的下三角按钮，在出现的下拉列表框中选择“计时”选项，将弹出“消失”对话框，其中：“开始”选项选择“之后”，“延迟”选项选择 1s，最后按“确定”按钮，如图 23-9 所示：

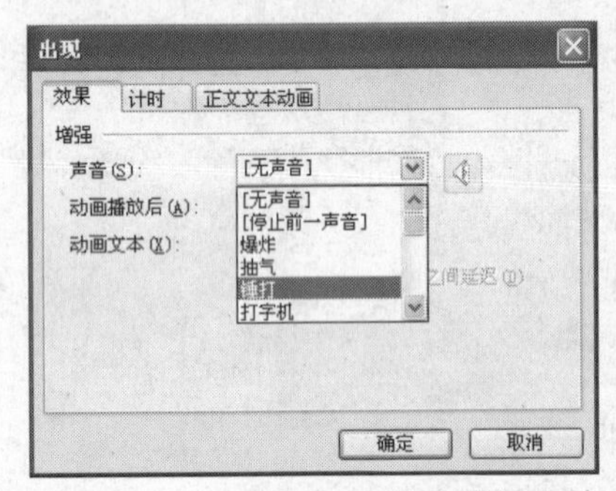

图 23-8　动画设置声音效果

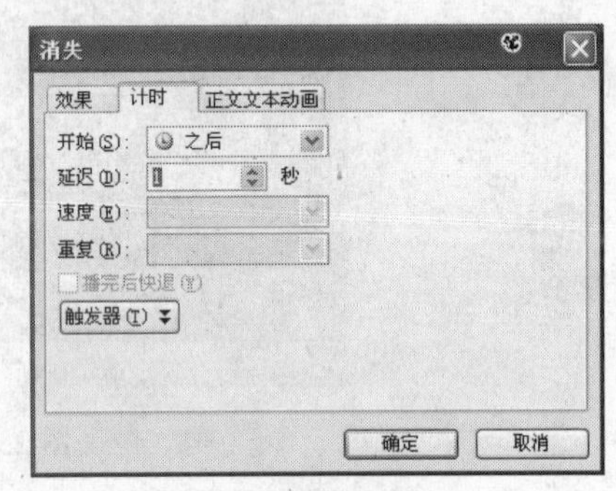

图 23-9　动画计时设置一

步骤 4 再次选定含有时间字样（00:00）的文本框，右击用快捷菜单命令将其复制并粘贴到同一幻灯片上；将其中的内容改为 00:01；再选定此新复制的文本框（00:01）（注意：移动文本框，此步不能省略），利用键盘上的（【→】【↓】【↑】【←】）四个按键，将此文本框移动至前一文本框（00:00）之上，并与其重叠，如图 23-10 所示：

图 23-10　动画计时设置二

由于在复制前一个文本框时，已将其动画设置效果一并予以复制，故第二个文本框（00:01）的动画效果同第一个且将在第一个文本框消失时出现（即“从上一项之后开始”出现，且出现时自带“锤打”声效），并同样将在 1s 后（计时延迟 1s）消失，以等待下一文本框（00:02）的出现。

步骤 5　在此幻灯片上，再次右击利用快捷菜单上的“粘贴”命令，将第一个文本框（00:00）复制出来；同样，将其中的内容改为 00:02；选定此新复制的文本框（00:02），利用键盘上的（【→】【↓】【↑】【←】）四个按键，将此文本框移动至前两个文本框（00:00、00:01）之上，并与它们重叠，如 23-11 所示。

图 23-11　动画计时设置三

步骤 6　以此类推，在此幻灯片上，按顺序将后续的各文本框（00:03 至 00:10）复制粘贴上去，并在位置上与前面的文本框重叠。为实现鼠标单击后才开始计时以及时钟画面最终定格于 00:10 上，需对上述设置做少许改动：

首先，单击第一个文本框（00:00）的“出现”动画设置下拉列表框右侧的下三角按钮，将其中的“从上一项之后开始”选项改为“单击开始”选项，如图 23-12 所示；

图 23-12　编辑动画设置

其次，将最后一个动画（文本框 00:10 的“消失”动画）删除，方法为先单击此动画从而选定，再按上面的“删除”按钮。(或右击利用快捷菜单中的“删除”命令)以使幻灯片最终的画面定格于 00:10。

步骤 7 为在 10s（即时间到）以后，出现提示声音，可先在此幻灯片中插入声音，方法是利用“插入”菜单中的“影片和声音”子菜单中的“文件中的声音”命令，如图 23-13 所示。

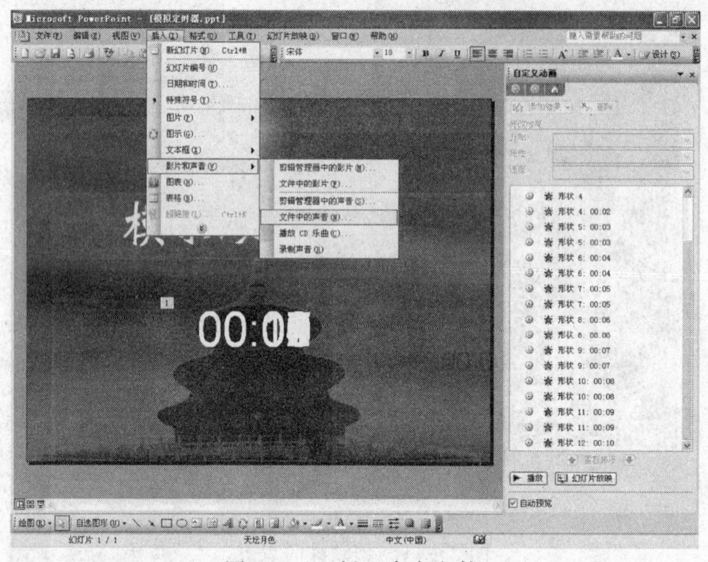

图 23-13　插入声音文件

然后，在弹出的“插入声音”对话框中选择声音文件，单击“确定”按钮。此时，幻灯片中将出现此声音对象的标志，且右侧的“自定义动画”栏中也将出现此声音对象的“开始播入动画”；仍在其下拉列表中选择“计时”选项，并将计时延迟设置为 1s；同时，在此对话框的“效果”选项卡中“停止播放”选项区选择“当前幻灯片之后”选项；在“声音设置”选项卡中将“显示选项”复选框选中，如图 23-14、23-15 所示。

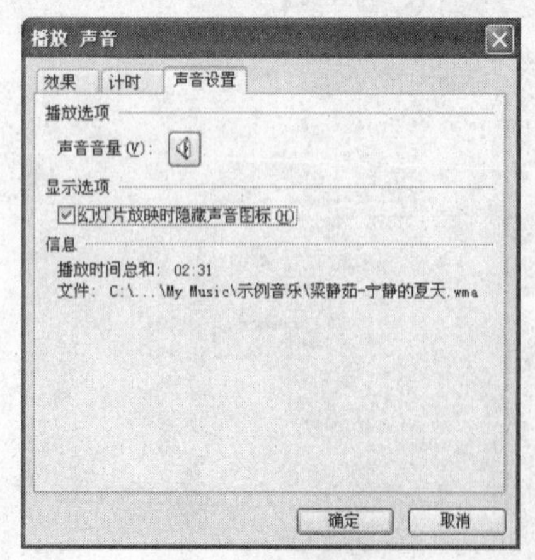

图 23-14　声音设置

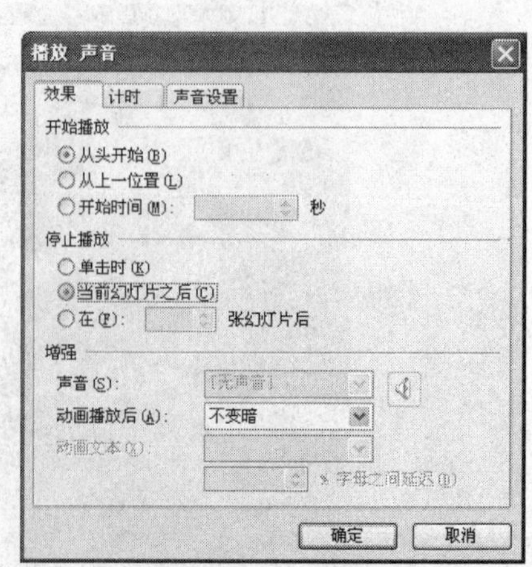

图 23-15　声音效果

最后，在幻灯片上选定此声音对象，在主程序窗右侧的“自定义动画”操作栏中连续选择“添加效果”→“退出”→“消失”命令，将出现该声音对象消失的第二个动画；然后，同样在该动画的下拉列表框中选择“计时”选项，将其“延迟”选项设置为 3s，最后按“确定”按钮，这样，

当时钟到点后，将出现一提示声音，且此声音在持续 3s 后，自动消失

步骤 8　将最后定稿以“模拟定时器”文件名，存于辅导教师指定的目录中。

【问题】

若以 5s 为一时间间隔，计时总长度为 3min，如何创建类似模拟定时器。

实验二十四　幻灯片与 Excel 表数据共享

【实验目的和要求】

在 Excel 中建立一个工作表，数据涉及选手姓名及评委打分，并形成相应的图表；再通过选择性粘贴，将相关数据粘贴至另一个幻灯片文件中，由此形成二者的数据共享和动态链接，即幻灯片中主要数据信息完全来自于另一个 Excel 文件，后者的变化可直接更新前者的显示内容。

（1）Excel 文档如图 24–1 所示。其中，总评成绩栏由公式计算获得（去掉一个最高及最低分后，剩下三个评委打分的均值），每位选手的得分情况均创建图表表示，纵轴（Y 轴）代表评委编号、水平轴为评委对选手的打分、右侧图例之值为选手的总评成绩。

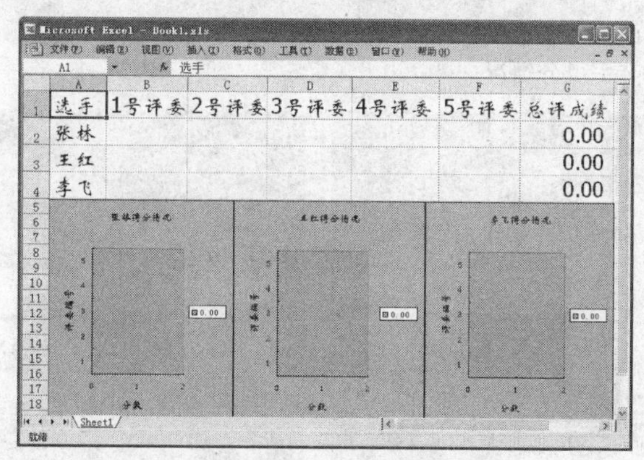

图 24–1　Excel 文档图

（2）请注意：上述 Excel 文档创建时，可先暂不填写各选手的具体得分，即将其空着视为 0 分，如图 24–1 所示。待图表创建完毕后，再填写具体得分，图表可将其自动反映出来，如图 24–2 所示。

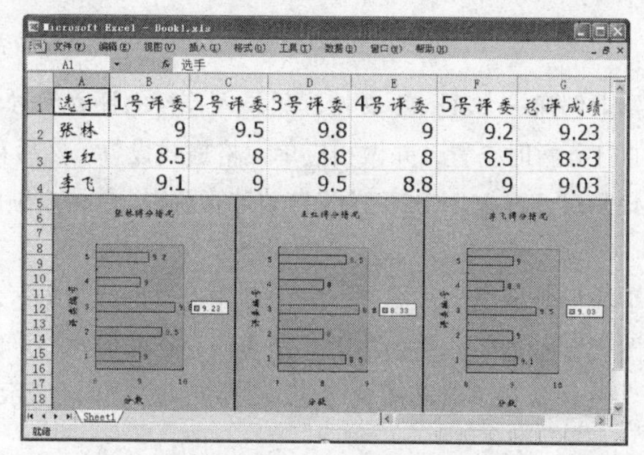

图 24–2　图表计算效果

（3）将上述三图表复制并以“选择性粘贴”的方式置于另一幻灯片文档中，分别为三选手的得分情况制作一张幻灯片，详见图 24-3、24-4、24-5。Excel 中的数据发生变化（从开始未打分到得到具体的分数并获得总评成绩），也均会自动地反映到此三张幻灯片上（动态链接）。

（4）将 Excel 文档中的三位选手姓名按当前顺序依次复制，并以选择性粘贴的方式置于第四张幻灯片中，如图 24-6 所示。由于采用的是粘贴 + 链接的方式将选手姓名复制到幻灯片中，故当最后总评成绩出来后，只需对其进行降序排序，则依照选手成绩的先后，自动将姓名重排序并反映到幻灯片文档中。

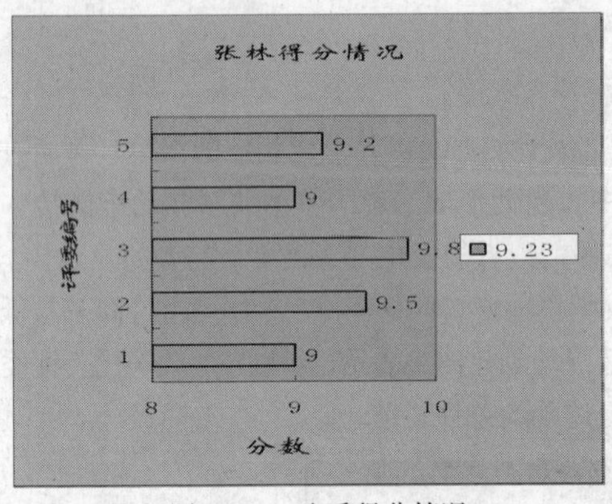

图 24-3　选手得分情况一

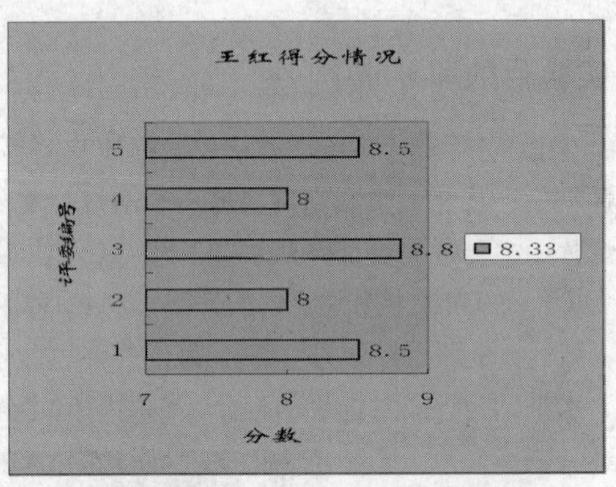

图 24-4　选手得分情况二

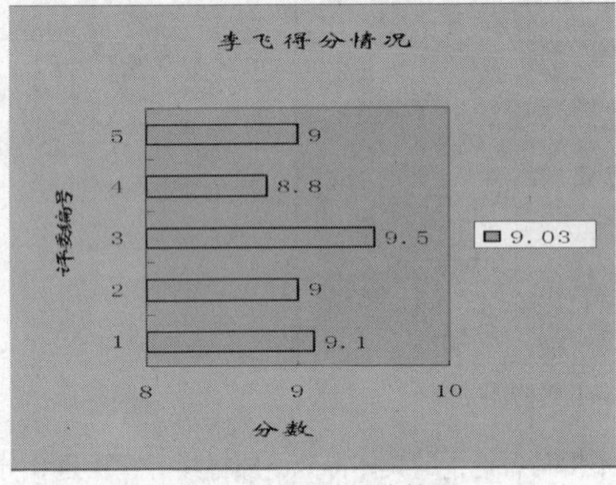

图 24-5　选手得分情况三

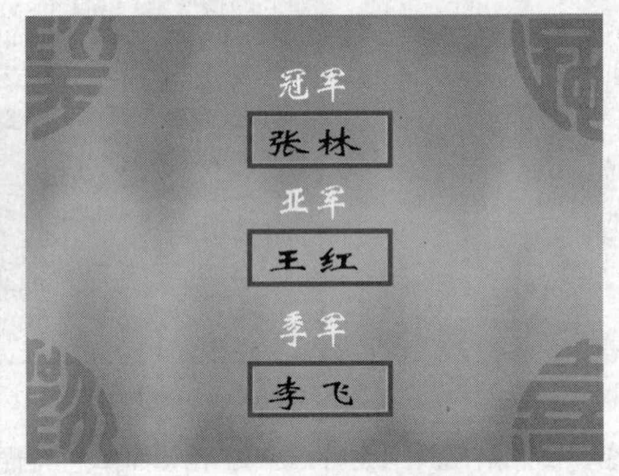

图 24-6　选择性粘贴效果

【实验步骤】

步骤 1　按题意之要求创建一个 Excel 文档，只录入首行的评委编号与首栏的选手姓名两方面的数据，评委对选手的打分暂时空置，并做相应单元格格式设置，然后存盘。另外，单元格 G2 由公式 =(SUM(B2:F2)-MAX(B2:F2)-MIN(B2:F2))/3 自动计算获得，总评成绩的后续单元格内容由上述公式复制而得。

步骤 2　为张林选手的得分情况制作图表。方法：先选定上述数据区域外的任一单元格，选择“插入”菜单中的“图表”子菜单，在弹出的“图表向导—步骤之 1”对话框中，选择“条形图”选项，按“下一步”按钮，进入“步骤之 2”，如图 24-7、24-8 所示。

图 24-7　图表向导一

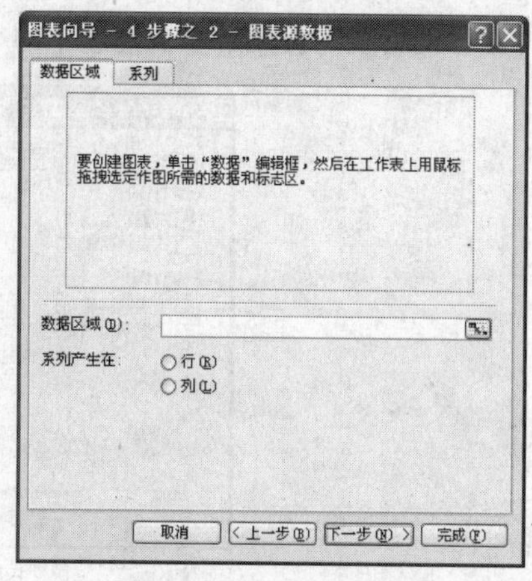

图 24-8　图表向导二

步骤 3　在"步骤之 2"对话框的"数据区域"选项卡的"数据区域"选项中，选择张林的姓名单元格及五个评委为其所打分数之区域，即 A2:F2 区域，如图 24-9 所示。而在"系列"选项卡的"名称"选项中，选择张林的总评成绩单元格 G2 作为"名称"选项的内容值，最后按"下一步"按钮，如图 24-10 所示。

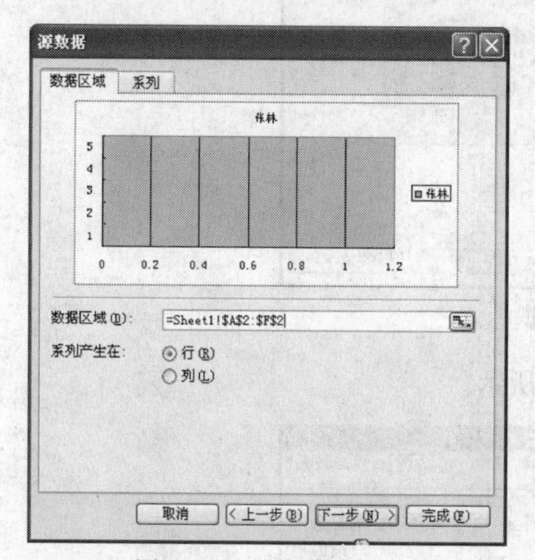

图 24-9　选择数据区

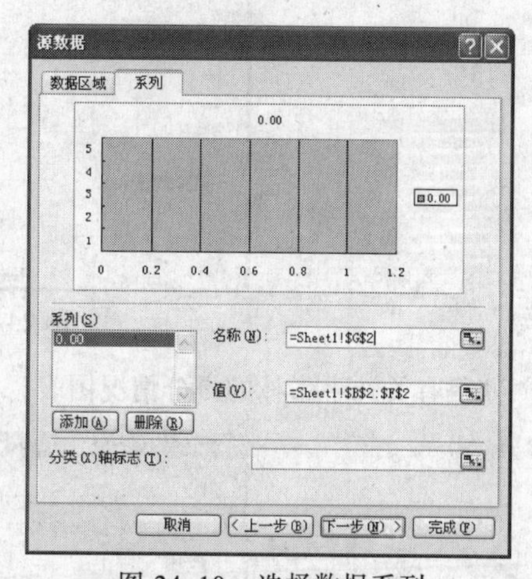

图 24-10　选择数据系列

步骤 4　在弹出的"步骤之 3"对话框的"标题"选项卡中填写如图 24-11 所示内容；

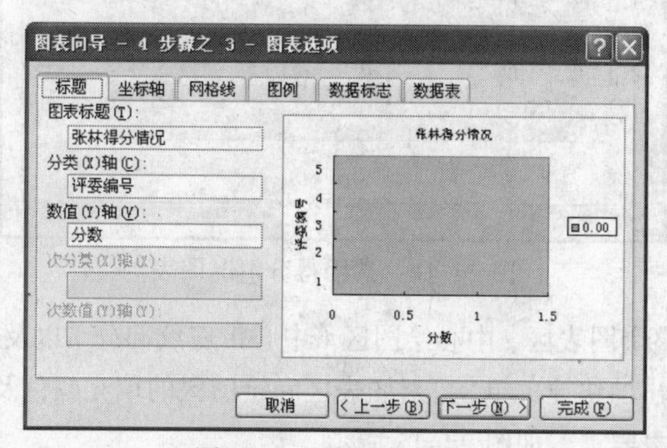

图 24-11　图表向导三

在“网格线”选项卡中取消选中的“主要网格线”复选框（即不选此项）如图 24–12 所示；

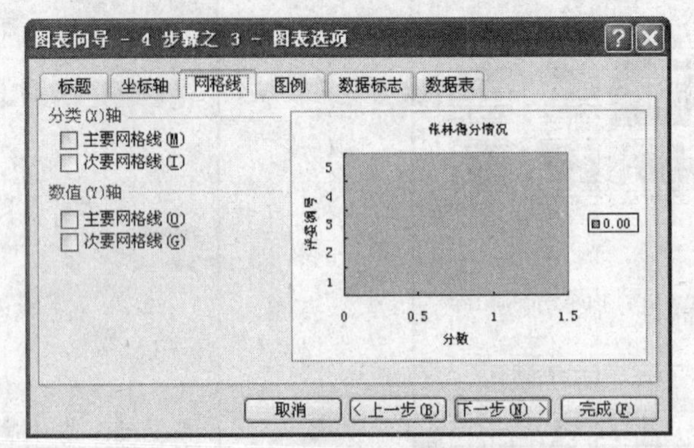

图 24–12　设置网格线

在“数据标志”选项卡中，选中“值”前面的复选框如图 24–13 所示，最后按“完成”按钮。

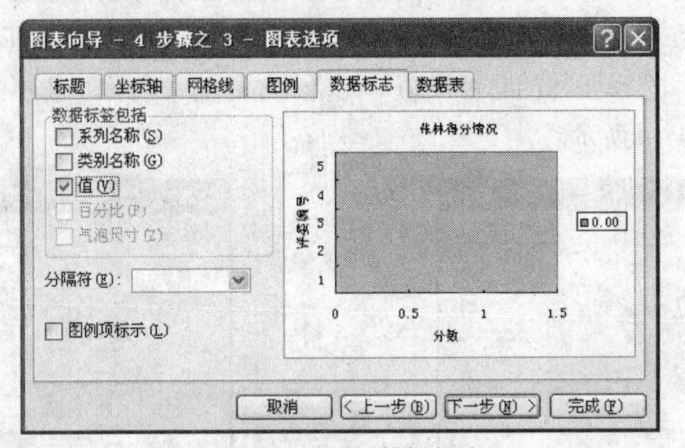

图 24–13　设置数据标志

获得有关选手张林的得分情况图表，如图 24–14 所示。

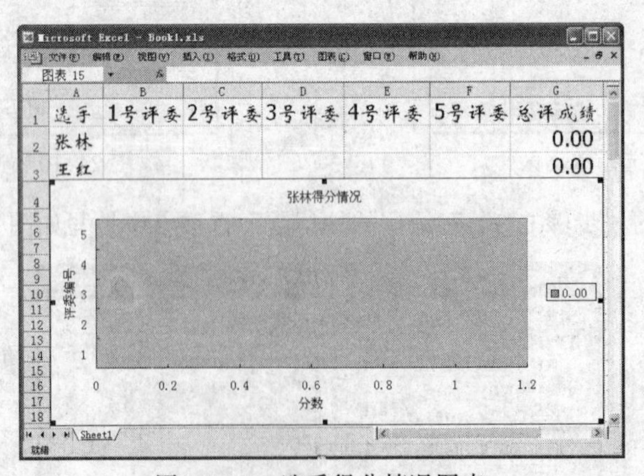

图 24–14　选手得分情况图表

步骤 5　通过右击整个图表区、中心绘图区（中心带底纹部分）以及各标题文本区（X 轴、Y 轴和图表标题），利用弹出的快捷菜单，可对图表区和绘图区的填充颜色及文本区的字体格式做相应的设置，以达到题意之要求，如图 24–15 所示。

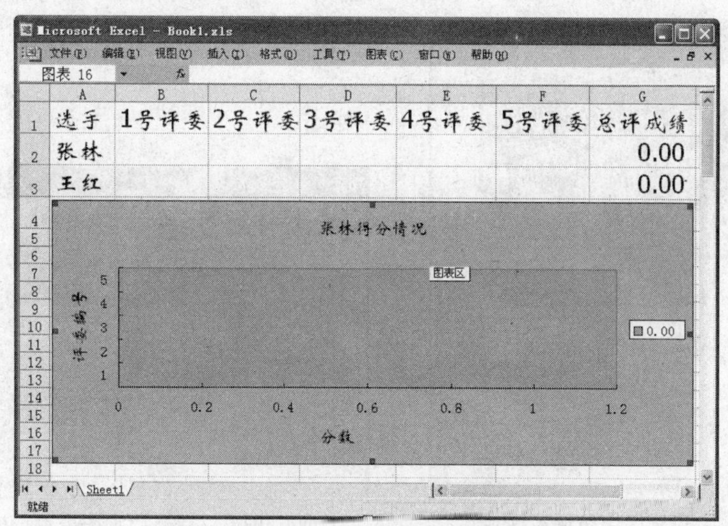

图 24-15　选手得分情况图表颜色设置

步骤 6　复制并粘贴上述图表，获得其副本，在此副本上右击选择快捷菜单中的“源数据”命令，弹出“源数据”对话框，如图 24-16、24-17 所示。

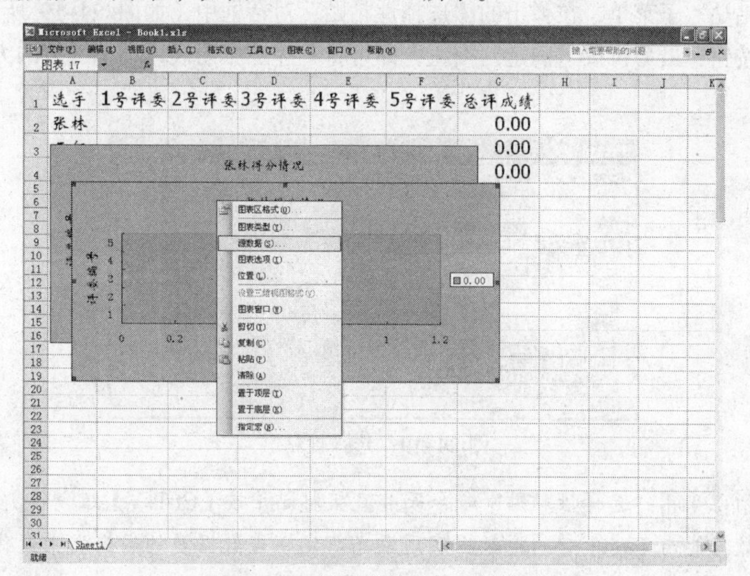

图 24-16　复制并粘贴图表源数据

在上述对话框的“系列”选项卡的“名称”选项中，选择王红的总评成绩单元格（G3）作为该名称的内容值；而在“值”选项中，选择五个评委为王红打分的区域，即 B3:F3；最后，按“确定”按钮。

步骤 7　同样地，再在此副本上右击选择快捷菜单中的“图表选项”命令，在弹出的“图表选项”对话框的“标题”选项卡中将“图表标题”中的内容由“张林得分情况”修改为“王红得分情况”，按“确定”按钮，即完成王红得分情况的图表，如图 24-18 所示。同样地，通过复制粘贴并作少量修改，可获得李飞得分情况图表。

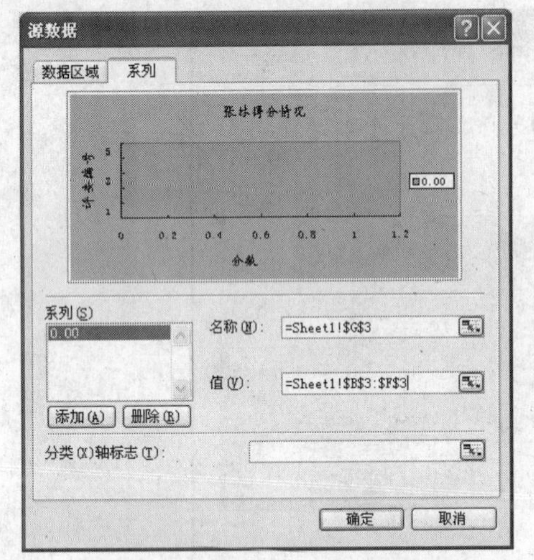

图 21-17　设置图表数据系列

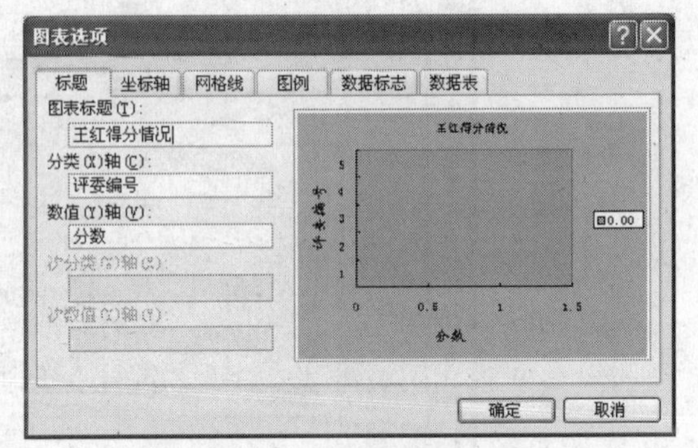

图 24-18　设置图表数据标题

步骤 8　逐一选择上述三位选手的得分情况图表，利用“编辑”菜单或右击选择快捷菜单的相关命令将它们复制；然后，创建一个新的幻灯片文档，在三张空白片上分别利用“编辑”菜单中的“选择性粘贴”子菜单，在弹出的“选择性粘贴”对话框中（如图 24-19 所示），选择“粘贴链接”单选按钮，最后再按“确定”按钮，即可将上述三张图表以动态链接的方式粘贴到幻灯片上。

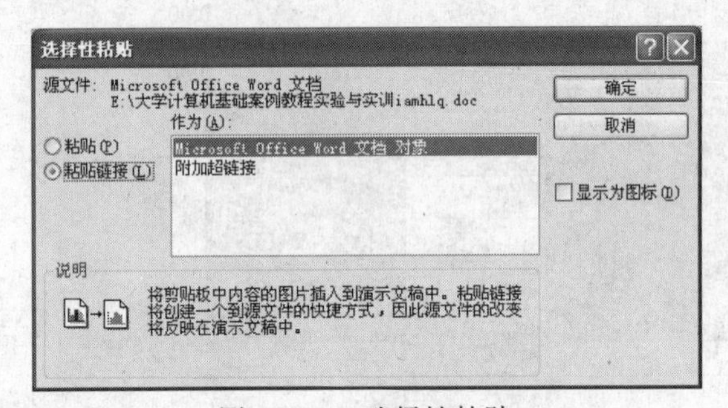

图 24-19　选择性粘贴

说明　之所以采用“选择性粘贴”命令而非直接粘贴（按【Ctrl+V】组合键），其目的就在于使幻灯片中的数据能与 Excel 中的源数据实现动态绑定，当数据源的数据发生变化后，只需在幻灯片上作一“更新链接”操作，即可将 Excel 中数据也动态更新。

具体地说，当上述粘贴操作完成后，即可在 Excel 中正式的录入各选手的具体得分（原为 0），这些得分情况会在对应的图表中自动更新；当用户回到 PPT 文档后，只需逐一右击相应的幻灯片，选择快捷菜单中的“更新链接”命令，即可实现数据的动态更新，将 Excel 中的数据变化反映到其中。

步骤 9　在 Excel 文档中按原有顺序依次将各选手的姓名复制下来，并同样以“选择性粘贴”方式将它们逐一地、按照冠、亚、季军的顺序粘贴到 PPT 文档中的第四张幻灯片中；然后右击被粘贴的文本框，选择“设置对象格式”命令，在弹出的“设置对象格式”对话框中，设置文本框的颜色、线条及尺寸等属性，以达到题意的要求，具体参照图 24-20、24-21、24-22 所示。

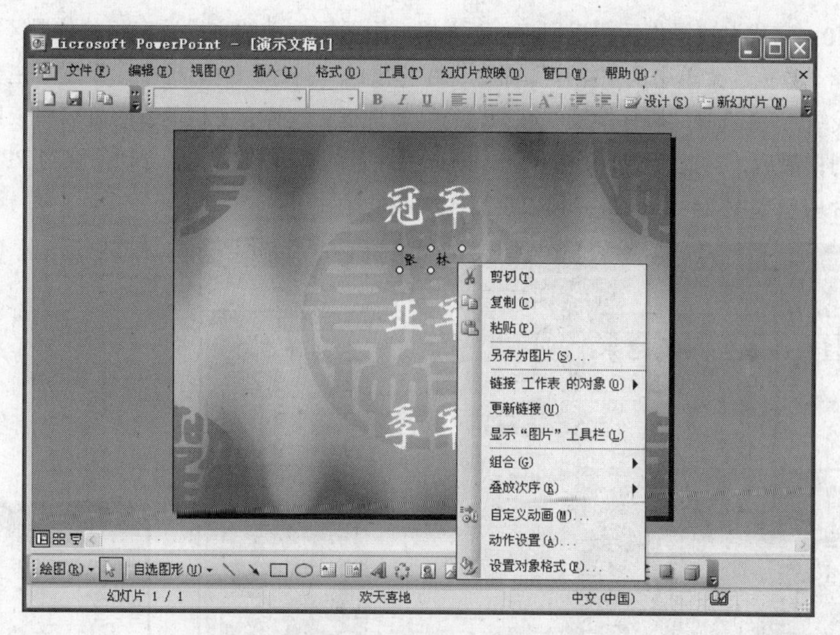

图 24-20 设置对象格式

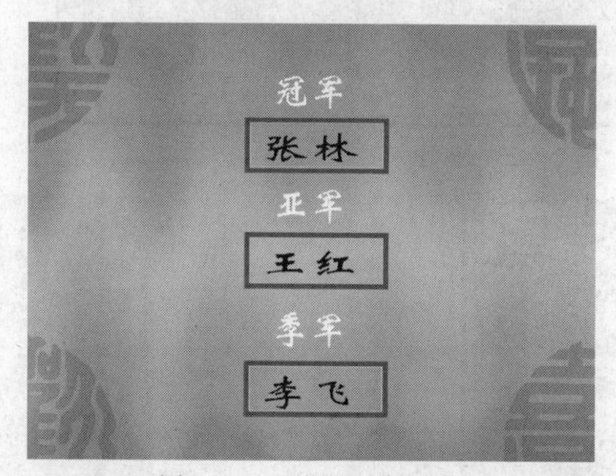

图 24-21 设置对象颜色

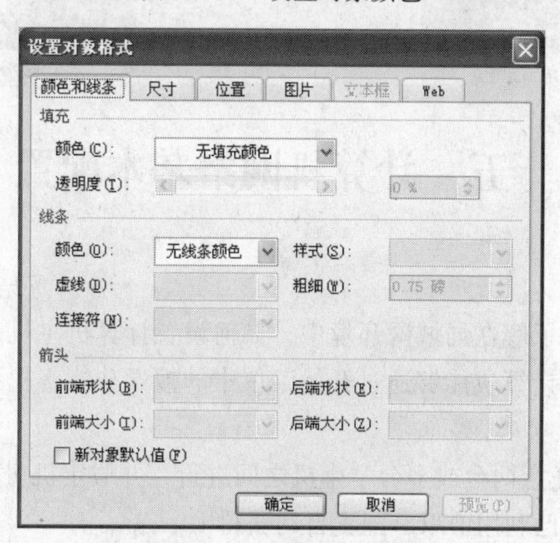

图 24-22 设置对象线条

步骤 10 完成上述操作后，返回 Excel 文档，用鼠标拖动的方式选定相关数据区域 A1:G4；然后，选择“数据”菜单中的“排序”命令；在弹出的“排序”对话框中，设置“主要关键字”为“总评成绩”，并选择“降序”及“有标题行”复选框；这样，A 栏的选手姓名将依照其总评成绩降序排列；最后，对此 Excel 文档存盘，则选手姓名的排列顺序也将自动反映到 PPT 文档的第四张幻灯片中，如图 24-23、24-24、24-25、24-26 所示。

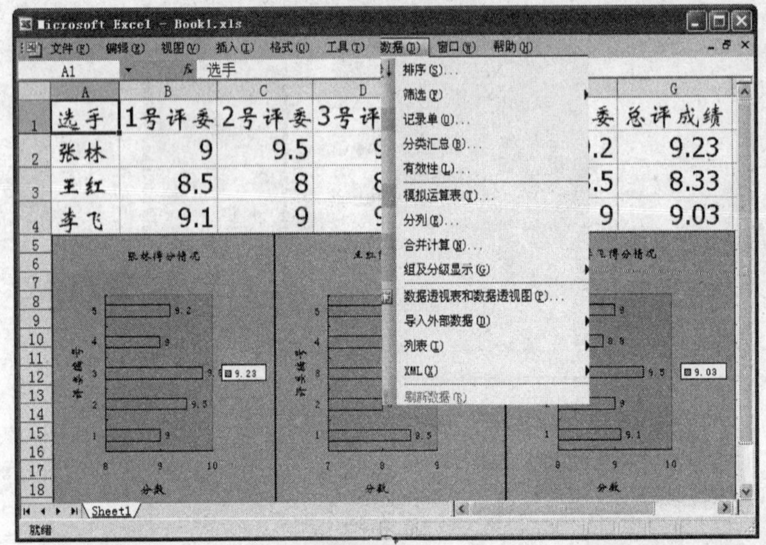

图 24-23 排序

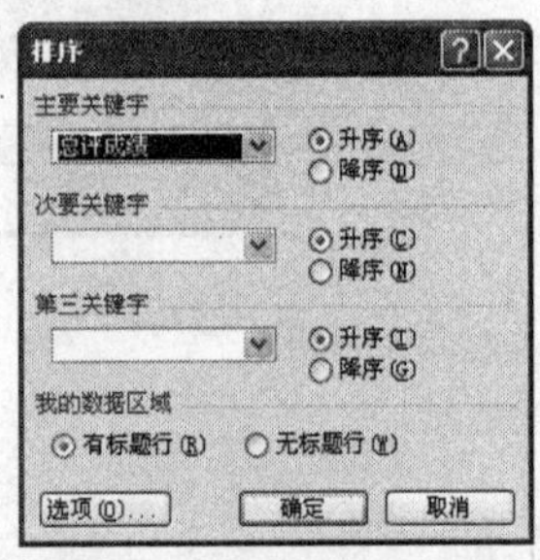

图 24-24 设置排序属性

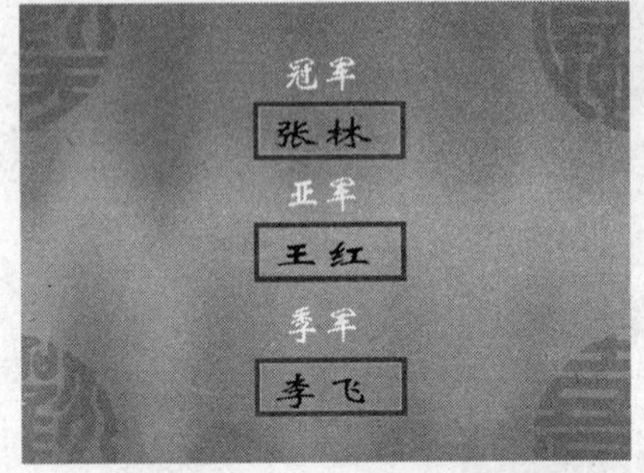

图 24-25 排序效果一

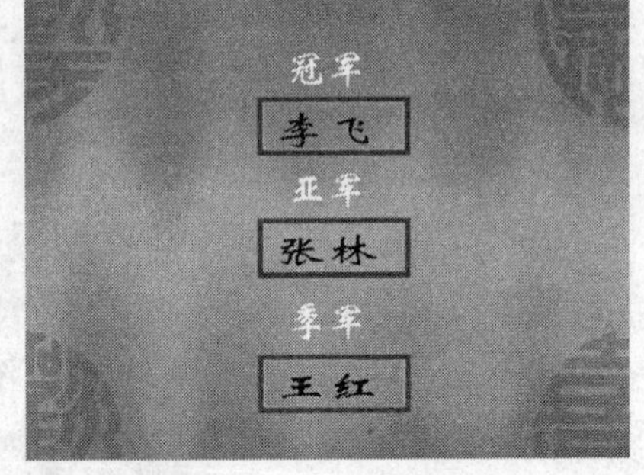

图 24-26 排序效果二

实验二十五 计算机网络基本配置（一）

【实验目的和要求】

本实验旨在帮助学生了解在局域网环境中，如何设置计算机主机的网络标识，以及如何利用此标识使网络中的邻居计算机能够通过开始菜单中的搜索功能查找到此台计算机，并且共享其中的信息资源。

（1）本实验可以在任意两台或多台学生机之间进行，并假定机房实验环境中，各计算机均处于同一局域子网中，并已利用 DHCP 配置自动获得 IP；

（2）先在任意一台或多台学生机上将某些文件夹设置为“共享文件夹”，然后通过对“我的电脑”中的“属性”→“计算机名”选项进行设置，由此确定并获得某台计算机的网络标识；

（3）利用“开始”菜单中的“搜索”→“计算机”功能选项，依照上述获知的网络 ID，搜索对应的计算机；如果找到，则可发现并使用其共享文件。

【实验步骤】

步骤 1　在某台学生机上选定某文件夹右击（见图 25-1），在弹出的快捷菜单中选择“属性”或“共享和安全”命令，并在弹出的文件“属性”对话框中利用“共享”选项卡，将此文件夹设置为共享，并可对其中的“权限”选项进行相应的设置，以规定网络其他用户在共享使用此文件夹中的内容时允许的操作，如“完全控制”、“更改”、“读取”，如图 25-2、25-3 所示。

图 25-1　设置共享和安全

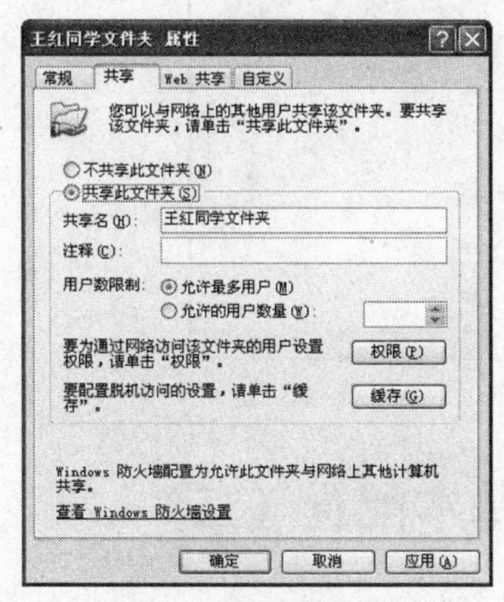

图 25-2　设置共享

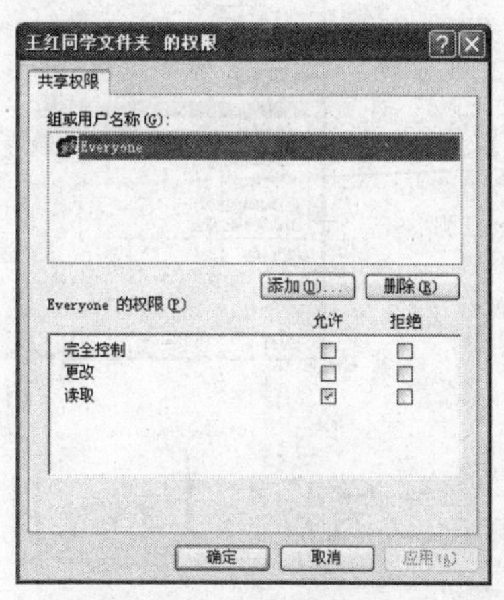

图 25-3　设置共享权限

步骤 2　右击上述同一台学生机上的“我的电脑”图标，在弹出的快捷菜单中选择“属性”命令，在弹出的“系统属性”对话框中利用“计算机名”选项卡，并通过“更改”命令对该计算机的“计算机名”进行设置，如果此标识已经存在，则无需修改亦可直接使用，如

图 25-4、25-5 所示。

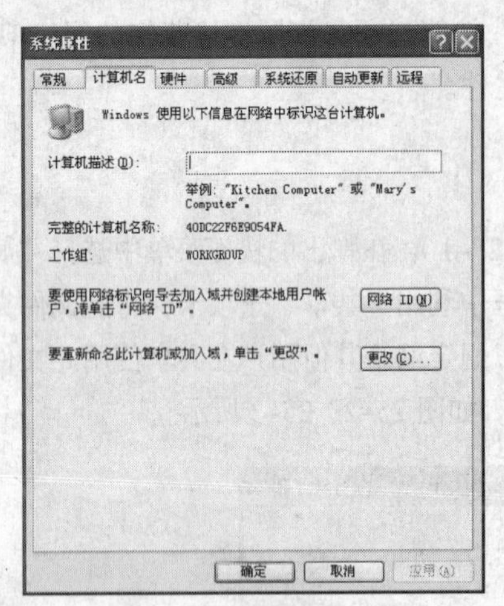

图 25-4　系统属性设置

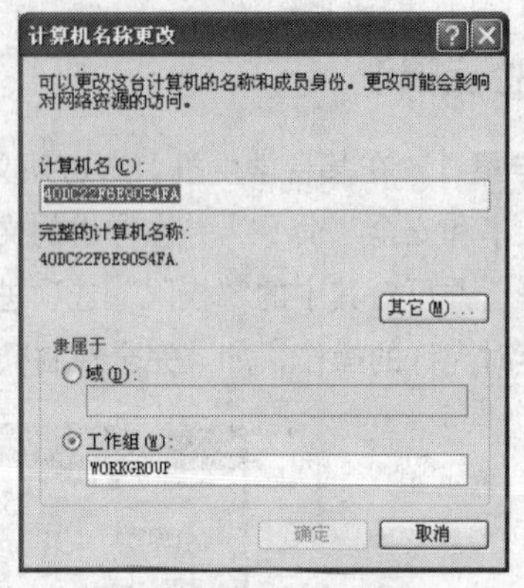

图 25-5　更改计算机名

步骤 3　将此网络标识告知其他同学，然后在后者的计算机上，利用“开始”菜单的“搜索”命令，选择搜索“计算机”子命令；在“计算机名”文本框中，输入刚才获知的“网络标识”，单击“搜索”按钮；即可在“搜索结果”对话框（见图 25-6）中右侧显示栏中发现此“计算机名图标”；双击该图标，即可将相应计算机上的共享文件列表显示出来。

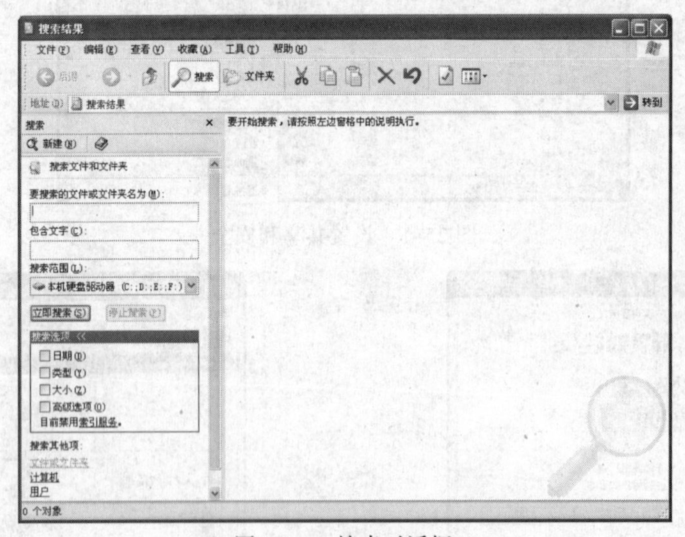

图 25-6　搜索对话框

实验二十六　计算机网络基本配置（二）

【实验目的和要求】

（1）在一般的局域网环境下，可能采用 DHCP 协议（动态主机地址配置协议）以及 DHCP 服务器来为网中的所有主机自动分配 IP 地址。本实验不考虑 DHCP 协议，而利用 TCP/IP 属性设置界面手动设置学生机的 IP 地址和子网掩码，并利用 ipconfig 命令进行观察，以及利用 ping 命令确认两台处于同一子网中的主机是否连通。以此帮助学生理解 IP 地址、子网掩码以及主机连通的概念与内含；

（2）先根据 A、B、C 三类 IP 地址的分类，将任意两台（或多台）学生主机的 IP 地址的网络标识部分设置为相同，并配以与地址类别相对应的子网掩码，即 A 类地址：255.0.0.0；B 类地址：255.255.0.0；C 类地址：255.255.255.0，或者只需将两台主机的子网掩码设置为相同即可。当两台（或多台）学生主机处于同一网络时（网络标识相同且子网掩码也相同），利用 ping 命令向对方主机发出 ICMP 数据包，即可收到响应报文，表明两主机目前处于连通状态；

注意　在选择 A、B、C 三类 IP 地址时，可选用特殊的 IP 保留地址，亦即内部地址。它们包括：A 类：10.0.0.0 ~ 10.255.255.255、B 类：172.16.0.0 ~ 172.31.255.255、C 类：192.168.0.0 ~ 192.168.255.255

（3）若将两主机 IP 地址中的网络标识设置为不同，或网络标识相同但子网掩码不同，则利用 ping 命令向对方主机发包时，将不会收到响应报文，说明二者未能连通（物理上连通但却因子网划分而处于不同的子网中）；

（4）利用 MS-DOS 命令行模式下的 ipconfig/all 命令，可获取与此主机网络配置有关的各方面详细信息。

【实验步骤】

步骤 1　打开“控制面板”，选择“网络连接”选项，右击“本地连接”图标，在弹出的“本地连接　属性”对话框中，选择“Internet 协议（TCP/IP）”并单击“属性”按钮，弹出“Internet 协议（TCP/IP）属性”对话框。在其中利用手动方式（“使用下面的 IP 地址”）设置本主机的 IP 地址和子网掩码，“默认网关”与 DNS 服务器地址部分可空置，如图 26-1、26-2 所示。

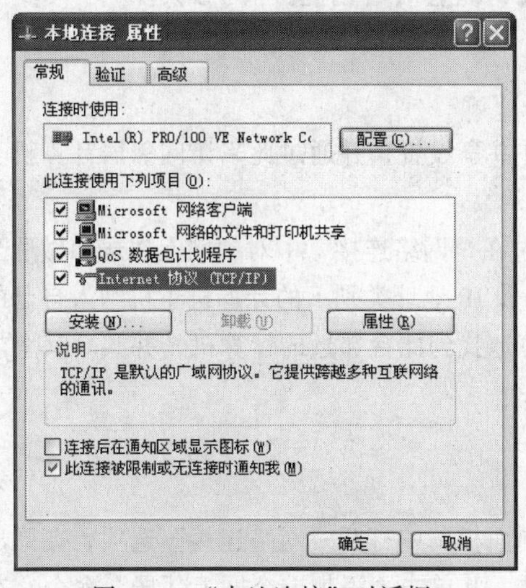

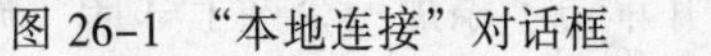
图 26-1　“本地连接”对话框

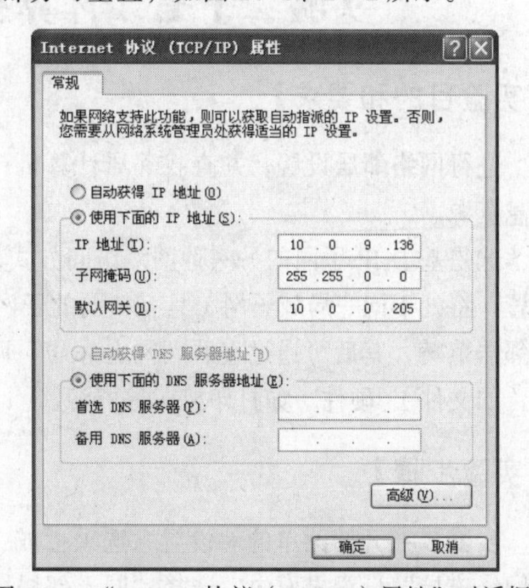

图 26-2　“Internet 协议（TCP/IP）属性”对话框

步骤 2　选择“开始”菜单中的“运行”命令，在其中输入“ping 处于同一子网的某台主机的 IP 地址”，按【Enter】键，通过观察是否收到对方主机发回的响应报文来确认两台主机是否连通，如图 26-3 所示。

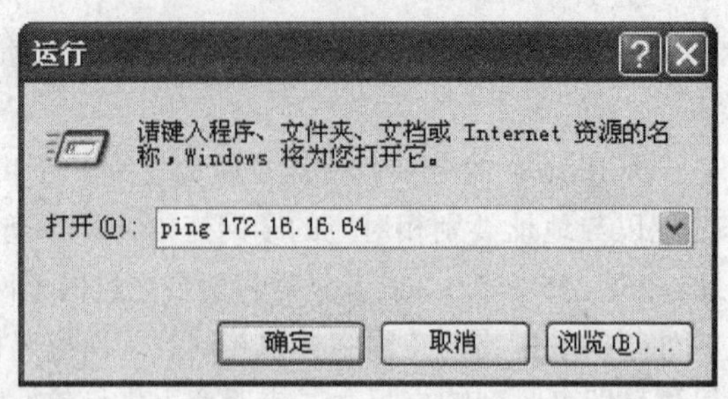

图 26-3 “运行”对话框

步骤 3 选择“开始”菜单中的“运行”命令，在其中输入“cmd”命令，进入 MS-DOS 命令行界面，利用 ipconfig/all 命令可获知与此主机网络配置有关的各方面详细信息，如图 26-4 所示。

图 26-4 主机网络配置信息

实验二十七 计算机网络基本配置（三）

【实验目的和要求】

进行网络邻居设置，并查找邻居计算机；文件共享设置，并通过此来访问邻居计算机上的信息资源。

这是基于 IP 子网的另一种网络访问方式，通过在“网络连接”中对“网上邻居”做适当的设置，将处于同一局域子网（具有相同的子网掩码和 IP 地址类别）的计算机主机纳入自己的网络邻居范畴，其后可通过查看“网上邻居”而快捷地找到此台邻近的计算机，并共享其上的软件（如文件）、硬件（如打印机）等资源。

【实验步骤】

步骤 在开始菜单的“设置”选项栏或“控制面板”中打开“网络连接”选项，在弹出的“网络连接”设置界面中，选择“网上邻居”选项，并单击“添加一个网上邻居”命令，在弹出的对话框中，输入对方主机的网络标识或 IP 地址，即可将其纳入自己的网络邻居范畴，之后可通过查看“网上邻居”而快捷地找到此台邻近的计算机，并共享其软件（如文件）、硬件（如打印机）等资源，如图 27-1、27-2 所示。

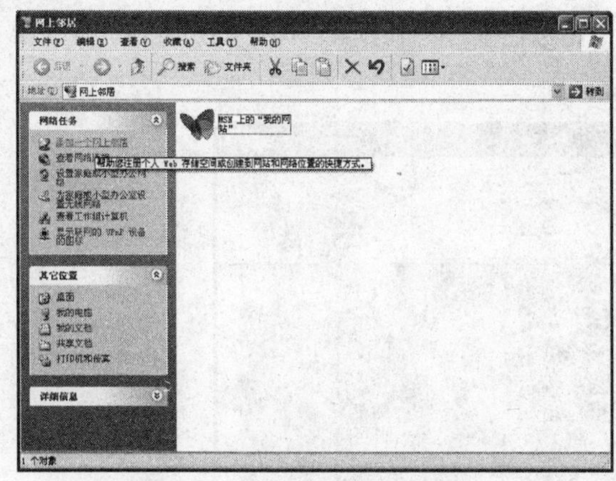

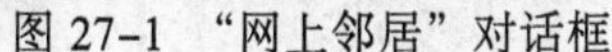
图 27-1　“网上邻居”对话框

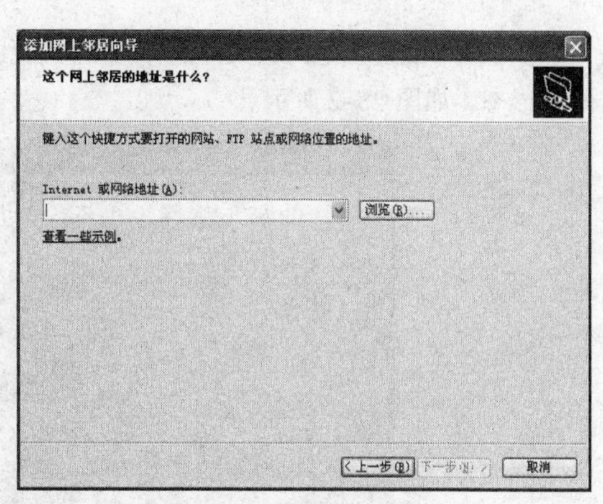

图 27-2　“网上邻居”向导

实验二十八　网页制作练习

【实验目的和要求】

（1）本实验要求学生利用 HTML 语言进行简单的网页制作，以此了解网页的基本概念及两种不同的形式，即以文本形式编写的 HTML 源文档，和通过浏览器解释后在用户屏幕上的显示形态；并对 HTML 语言的标记、属性及其语法要义有一个初步的、概念性的理解；

（2）先利用文本编辑软件如“记事本”软件，编写 HTML 源文档，并将其保存为后缀为.htm 或.html 的文件形式；再双击该文件或利用浏览器软件将其打开，则可看到直观、生动的网页形态。

【实验步骤】

步骤 1　先打开“记事本”工具软件，通过部分常用的 HTML 标记及其必要的属性，如<html>文档总标记；<head>文档头标记；<body>文档正文标记；<p>段落标记；
换行标记；<font>字体标记；<img>图片标记；<a>超链接标记等，对此网页进行编制，并将其以.html 或.htm 文件形式存入相应的目录位置。其格式和内容如图 28-1 所示。

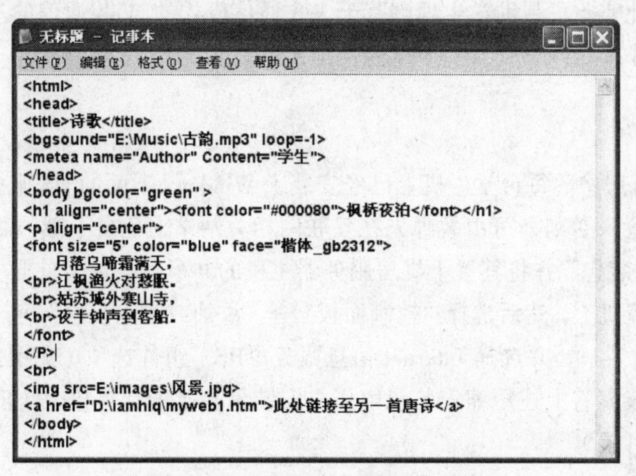


```
<html>
<head>
<title>诗歌</title>
<bgsound="E:\Music\古韵.mp3" loop=-1>
<metea name="Author" Content="学生">
</head>
<body bgcolor="green" >
<h1 align="center"><font color="#000080">枫桥夜泊</font></h1>
<p align="center">
<font size="5" color="blue" face="楷体_gb2312">
    月落乌啼霜满天，
<br>江枫渔火对愁眠。
<br>姑苏城外寒山寺，
<br>夜半钟声到客船。
</font>
</P>
<br>
<img src=E:\images\风景.jpg>
<a href="D:\iamhlq\myweb1.htm">此处链接至另一首唐诗</a>
</body>
</html>
```

图 28-1　HTML 标记及属性设置

步骤 2 双击上述网页文件图标，或直接利用浏览器软件将其打开，即可看到直观、生动的网页形态，如图 28-2 所示。

图 28-2 网页效果

实验二十九 IIS/FTP 服务器配置

【实验目的和要求】

此实验可将每台学生机视为单独的服务器主机，通过安装基于 Windows 的 Web 服务器（IIS）或文件服务器（FTP）软件，并进行必要的配置，其他学生机利用其客户端的 IE 浏览器软件，并输入位于同一子网中的服务器主机 IP 地址，即可访问、浏览和下载此台服务器上的网页及文件信息资源。通过此实验可帮助学生理解基于 B/S 通信模式的 Web 通信的基本流程，并对服务器的基本配置、工作和访问方式有一个概貌性的了解。

【实验步骤】

步骤 1 如果机房中的每台学生机上已经安装了 Windows 下面的 IIS 服务器组件，即可直接着手进行相关的配置；否则，可由教师先在互联网相关网站上免费下载一款适合学生机操作系统的 IIS 组件压缩安装包，并将其置于机房服务器主机的共享目录或文件服务器之上，由学生将其下载至自己的计算机上，然后选择“控制面板”→“添加或删除程序”→“添加/删除 Windows 组件”选项（见图 29-1），并选择 Internet 信息服务（IIS）组件选项（见图 29-2），按照弹出的安装向导所指定的步骤将上述压缩安装包解压并安装到自己的计算机上（安装文件的所在位置即此安装包的解压目录）。

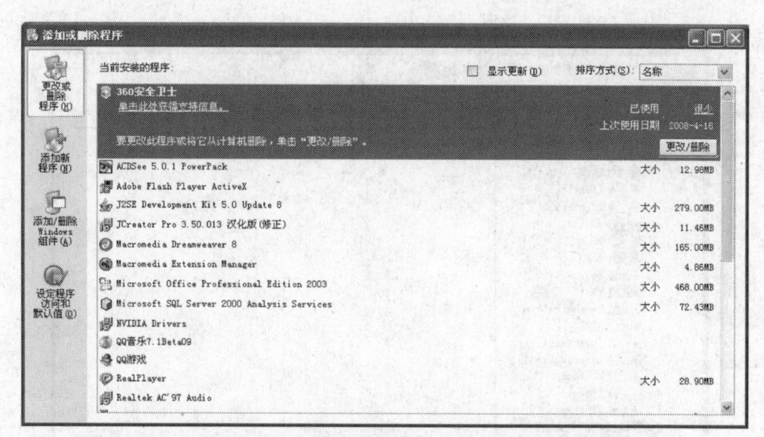

图 29-1 "添加/添加 Windows 组件"

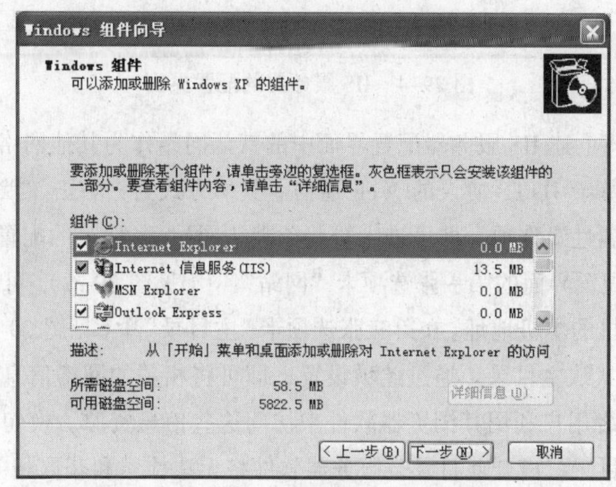

图 29-2 Internet 信息服务（IIS）组件向导

步骤 2 当上述安装成功完成后，双击"控制面板"上的"管理工具"按钮，在弹出的"管理工具"对话框中即可看到"Internet 信息服务快捷方式"的图标（见图 29-3），双击此图标，即可进入 IIS 服务器的配置界面（见图 29-4）。

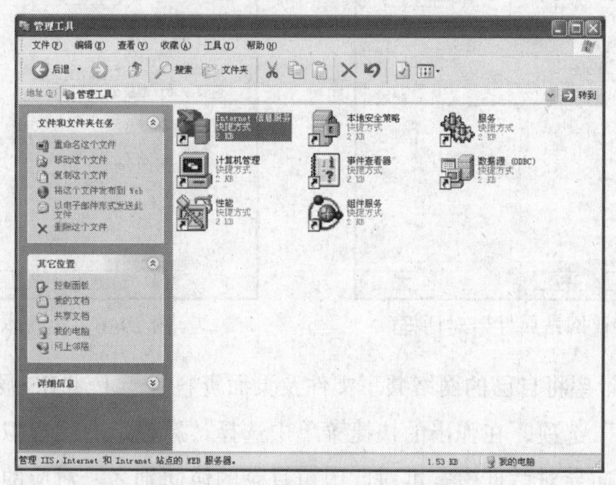

图 29-3 "管理工具"对话框

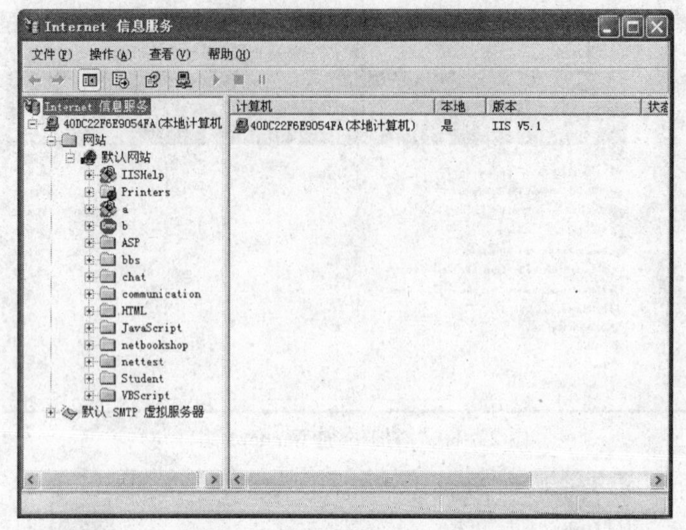

图 29-4　IIS 服务器的配置界面

步骤 3　我们可将上述 IIS 服务器配置界面中的默认网站作为其他网络用户的访问对象，并通过对它的配置实现基于 HTTP 协议的 Web 通信。具体方式为：右击“默认网站”项，在弹出的快捷菜单中选择“属性”选项，即可进入对此“默认网站 属性”的配置界面（见图 29-5）。

步骤 4　在上述配置界面的第一张选项卡“网站”中（见图 29-6），可将此服务器主机的 IP 地址设置为此台学生机的本机地址。在第三张选项卡“主目录”中（见图 29-7），可通过“浏览...”按钮设置此服务器的默认主目录。通过此项设置，即可将相关的网络信息文件（如网页）置于此目录中，供其他网络用户利用其浏览器软件来访问这些信息资源。换句话说，此目录是该默认目录的指定和绑定目录，离开此目录，服务器软件将无法检索和获取相关的信息资源。另外，还可选择“目录浏览”以及“执行权限”等选项进行相应的设置。

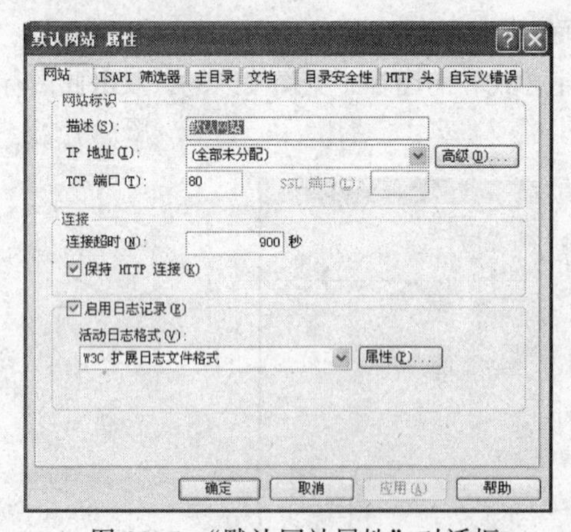

图 29-5　“默认网站属性”对话框

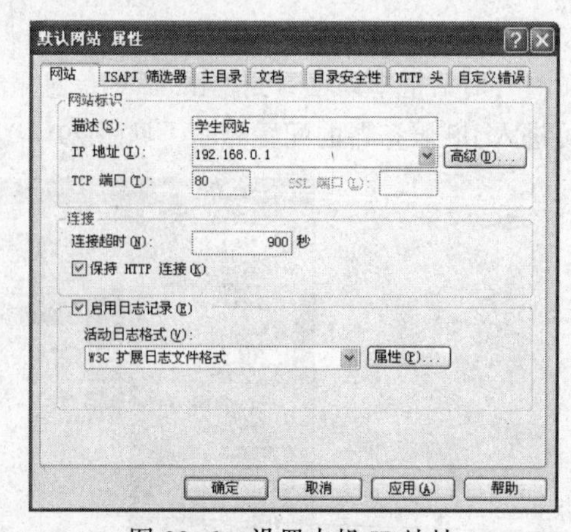

图 29-6　设置本机 IP 地址

步骤 5　如果不希望将自己的网络共享文件及页面资料置于上述 IIS 服务器指定的目录中，亦可右击“默认网站”选项，在弹出的快捷菜单中选择“新建”→“虚拟目录”命令，在弹出的“虚拟目录创建”向导对话框中，可对此虚拟目录的访问别名、对应的文件检索指定路径和与文件访问有关的若干选项进行相应的设置。这里所谓的访问别名，指的是：若其他网络用户希望访问此服务器主机上置于虚拟目录中的相关信息时，其浏览器地址栏中应输入下列格式，http://该服务器主机的 IP 地址/虚拟目录别名

步骤 6 在原配置界面的“目录安全性”选项卡中（见图 29-8），单击“编辑”按钮，在弹出的“身份验证方法”对话框中（见图 29-9），可选择“匿名访问”复选框，即允许其他网络用户在不需要用户名和密码的情况下访问此网站。

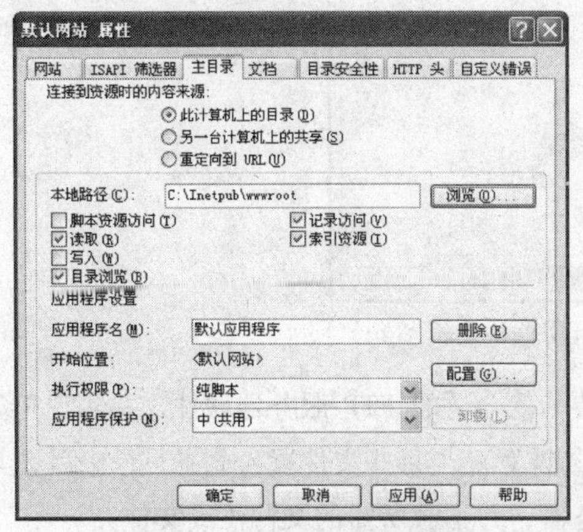

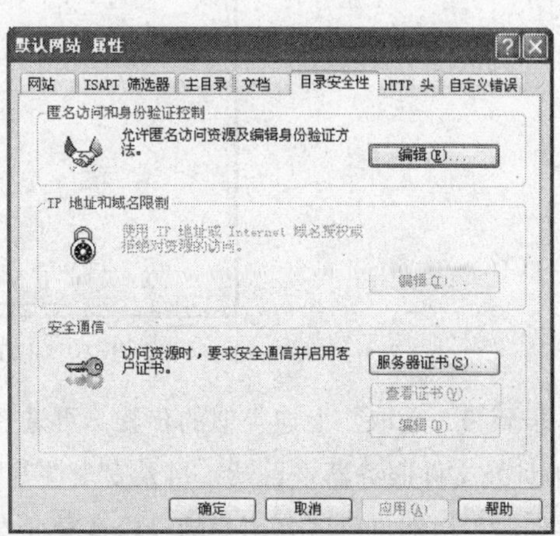

图 29-7 设置默认主目录　　图 29-8 设置目录安全性

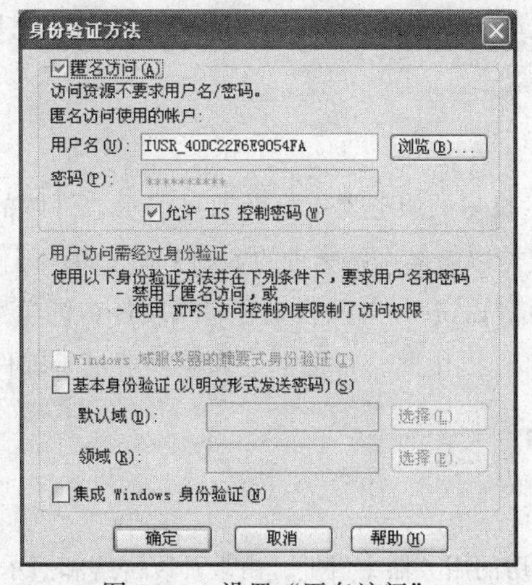

图 29-9 设置“匿名访问”

步骤 7 通过在原配置界面的“文档”选项卡中（见图 29-10），选择“启用默认文档”复选框，即可将其上标注的文件或通过“添加”按钮新增的文件列入默认文档，当其他网络用户访问此网站时，若在其 URL 中未明确指定需访问的页面，如 http://192.168.0.12，则服务器软件将自动在主目录或虚拟目录指定的文件夹中搜索上述默认文档列出的文件。

步骤 8 上述设置步骤顺利完成后，再通过右击此默认网站，在弹出的快捷菜单中选择“刷新”命令，即成功实现对此 IIS 服务器软件的基本配置。然后，可将某些已经制作好的网络文件和页面存于此 IIS 服务器主目录或虚拟目录指定的文件夹及其子文件中，并告之其他上机实验的

同学有关你的服务器的正确 URL，则可允许其他同学利用其浏览器软件，访问你的网络共享文件和网页。前提是你们的主机位于同一局域子网中。

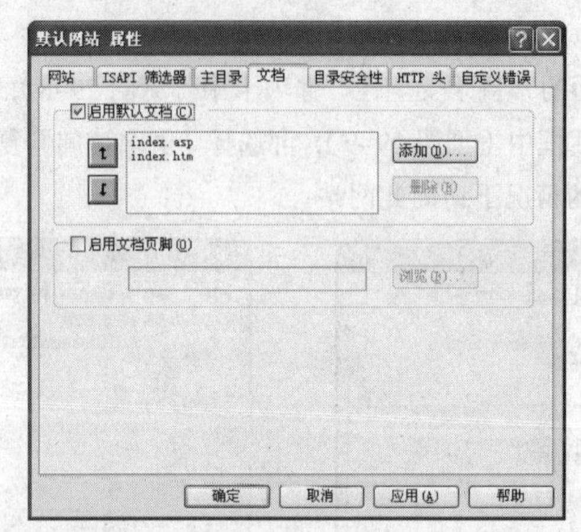

图 29-10　设置“启用默认文档”

步骤 9　采取与上述类似的步骤，可选择安装一款合适的 FTP 服务器软件，并实现相应的 IP 地址及文件服务器主目录、目录安全性等属性的设置。当某些文件置入此主目录中后，其他网络邻居用户即可以匿名用户的身份登录此台服务器，并下载所需的文件（或文件夹）。

实验三十　电子邮件收发实验

【实验目的和要求】

本实验先由教师在学生机房的服务器主机上通过演示、讲解的方式，安装并配置好简单的、基于 Windows2003（或类似的操作系统）的 SMYP 及 POP3 邮件服务器软件；然后，要求学生进一步配置好其 Outlook Express 邮件收发客户端软件，则学生之间可利用机房内部的邮件服务器来相互收发电子邮件。由此，帮助学生初步理解电子邮件的通信流程以及相关协议的工作原理。

【实验步骤】

步骤 1　首先在学生机房的服务器主机上，由教师以讲解和演示的方式安装 POP3 和 SMTP 服务组件。

① 安装 POP3 服务组件。以系统管理员身份登录 Windows Server 2003 系统。选择“控制面板”→“添加或删除程序”→“添加/删除 Windows 组件”命令，在弹出的“Windows 组件向导”对话框中选择“电子邮件服务”选项，单击“详细信息”按钮，可以看到该选项包括两部分内容：POP3 服务和 POP3 服务 Web 管理。为方便用户远程 Web 方式管理邮件服务器，建议选中“POP 3 服务 Web 管理”。

② 安装 SMTP 服务组件。选中“应用程序服务器”选项，单击“详细信息”按钮，接着在“Internet

信息服务（IIS）”选项中查看详细信息，选中“SMTP Service”选项，最后单击“确定”按钮。此外，如果用户需要对邮件服务器进行远程 Web 管理，一定要选中“万维网服务”中的“远程管理（HTML）”组件。完成以上设置后，单击“下一步”按钮，系统就开始安装配置 POP3 和 SMTP 服务了。

步骤 2 进一步由教师完成 POP3 服务器的配置工作，并通过此过程为学生讲解 POP3 协议的用途和大致工作原理

① 创建邮件域。选择“开始”→“管理工具”→“POP3 服务”命令，弹出 POP3 服务控制台窗口。选中左栏中的 POP3 服务后，单击右栏中的“新域”，弹出“添加域”对话框，接着在“域名”栏中输入邮件服务器的域名，也就是邮件地址“@”后面的部分，如 MAIL.COM，最后单击“确定”按钮。

② 创建用户邮箱。选中刚才新建的 MAIL.COM 域，在右栏中单击“添加邮箱”，弹出“添加邮箱”对话框，在“邮箱名”栏中输入邮件用户名，然后设置用户密码，最后单击“确定”按钮，完成邮箱的创建，例如 jerry@mail.com。通过此方式即可为参与实验的每一位同学创建一个属于自己的电子邮箱名，用以稍后的邮件收发。

步骤 3 进一步由教师完成 SMTP 服务器的配置工作，并通过此过程为学生讲解 SMTP 协议的用途和大致工作原理。

完成 POP3 服务器的配置后，就可开始配置 SMTP 服务器了。选择“开始→程序→管理工具→Internet 信息服务（IIS）管理器”命令，在“IIS 管理器”窗口中右击“默认 SMTP 虚拟服务器”选项（见图 30-1），在弹出的菜单中选择“属性”命令，进入“默认 SMTP 虚拟服务器”窗口，切换到“常规”标签页，在“IP 地址”下拉列表框中选中邮件服务器的 IP 地址即可（见图 30-2）；另外，在“访问”选项卡中单击“身份验证”按钮（见图 30-3、30-4），在弹出的对话框中选择“匿名访问”选项，即可允许任何一个处于同一子网的用户利用此 mail 服务器发送邮件；最后单击“确定”按钮，这样一个简单的邮件服务器就设置完成了。

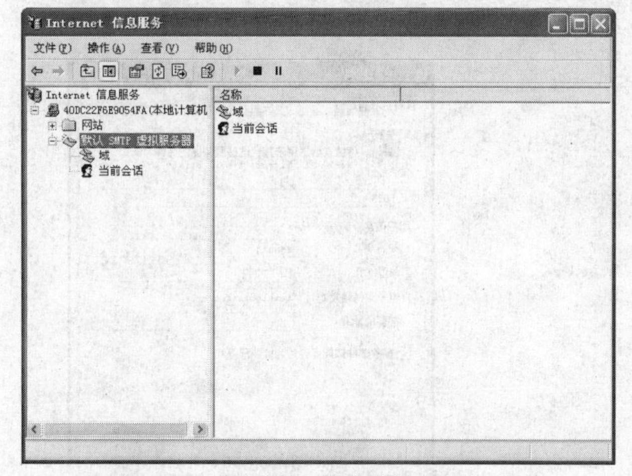

图 30-1 “默认 SMTP 虚拟服务器”选项

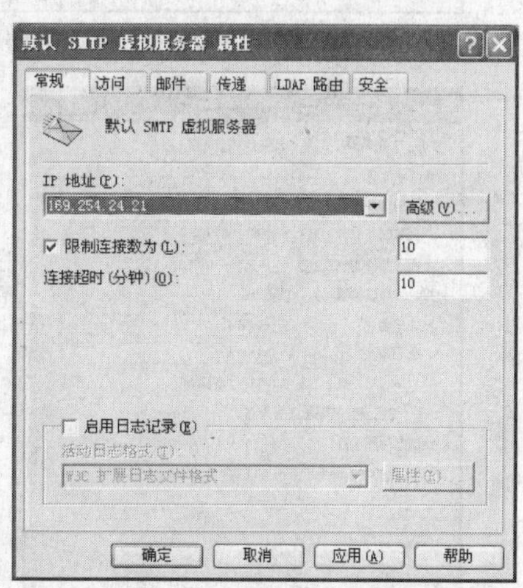

图 30-2 “IP 地址”设置

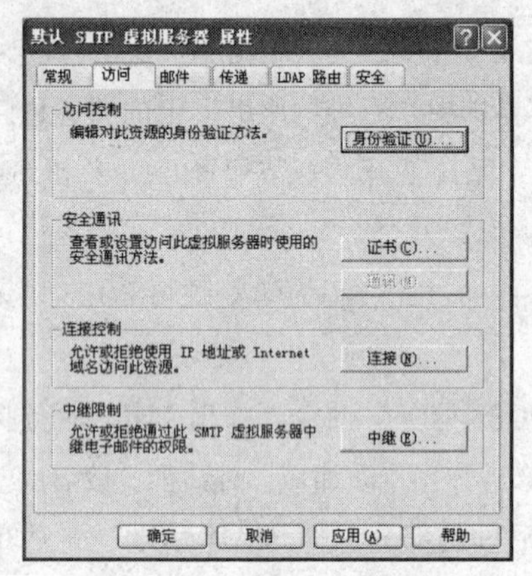

图 30-3 “身份验证”设置

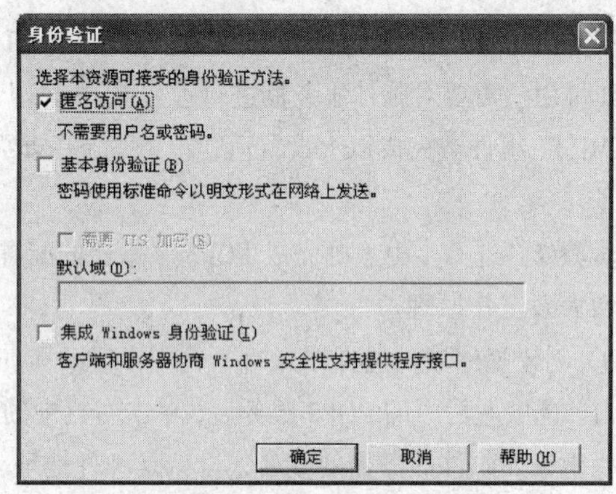

图 30-4 “身份验证”对话框

步骤 4 上述服务器端配置完成后，即可要求参与学生自行配置邮件客户端软件，这里我们选用 Outlook Express 软件。打开此程序后（见图 30-5），选择“工具”菜单中的“账户”命令，在弹出的“Internet 账户”对话框中（见图 30-6）选择右列的“属性”命令，并在后续的“常规”和“服务器”选项卡中（见图 30-7、30-8），对 SMTP 服务器与 POP3 服务器的 IP 地址以及用户的账号、登录密码以及邮箱名逐一填写好，即完成客户端的配置。由此，参与实验的同学即可通过机房内部的邮件服务器完成邮件的收发。

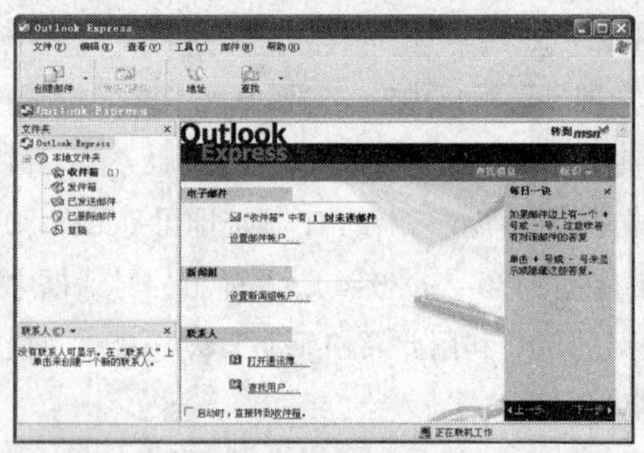

图 30-5 Outlook Express 界面

图 30-6 “Internet 账户”对话框

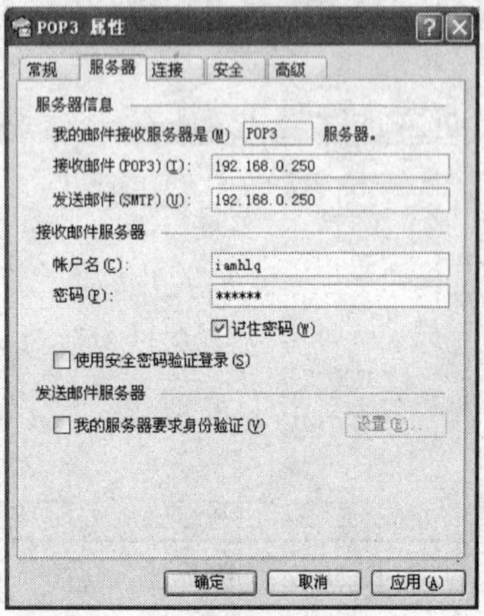

图 30-7 “常规”选项卡

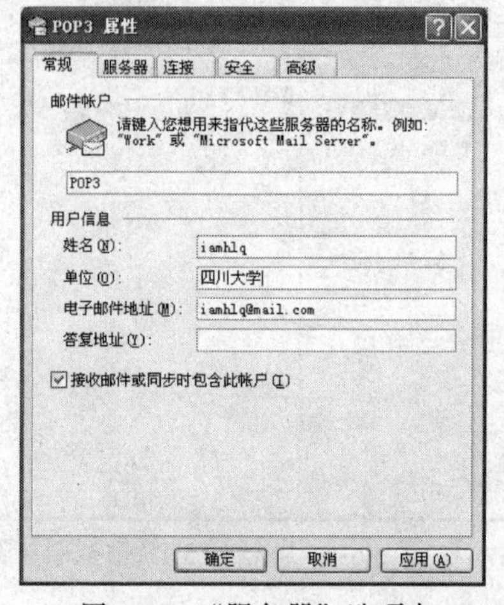

图 30-8 “服务器”选项卡

模拟题一

一、判断题（共 25 题，每题 1 分）

1. 通常，没有操作系统的计算机是不能工作的。(　　)
2. 十六进制数 79 对应的八进制数为 144。(　　)
3. 二进制数 101100 转换成等值的八进制数是 45。(　　)
4. 如果有主文件名相同而扩展名分别为 COM、EXE、BAT 的三个文件同时存放在一个目录中，则执行这些文件时必须给出扩展名。(　　)
5. 二进制数 11101011-10010110 的结果是 110010111。(　　)
6. 微型计算机的内存储器是指安放在主机箱内的各种存储设备。(　　)
7. 运算器的主要功能是算术运算。(　　)
8. 应用软件的编制及运行，必须在系统软件的支持下进行。(　　)
9. 在硬盘和软盘上都可以建立子目录。(　　)
10. 存储在 COMMAND.COM 程序中的命令称为内部命令。(　　)
11. 在 DOS 系统下 TYPE 命令可用于查看任意类型的文件内容。(　　)
12. 在 DOS 系统下 RENAME 命令只能对当前盘上的文件进行更名操作。(　　)
13. 在 Windows 中，利用控制面板窗口中的“安装新硬件”向导工具，可以安装新硬件。(　　)
14. 在 Windows 中不能改变图标的间隔距离。(　　)
15. 在 Windows 中，被删除的文件或文件夹可以被放进“回收站”中。(　　)
16. 多媒体计算机是指能在磁盘、磁带和光盘等多种媒体上存储信息的计算机。(　　)
17. 在 Windows 中，若在某一文档中连续进行了多次剪切操作，当关闭该文档后，“剪贴板”中存放的是所有剪切过的内容。(　　)
18. 在 Windows 画图窗口绘制的图形，可以粘贴到写字板窗口中。(　　)
19. Word 文字处理软件中段落缩进通常有三种方式。(　　)
20. Excel 的默认字体软件中为“宋体”。(　　)
21. Excel 默认的图表类型是折线图。(　　)
22. 在 Excel 中，列宽可以增加，但行距不能改变。(　　)
23. 在 Excel 中，可以使用填充柄进行单元格复制。(　　)
24. Excel 的单元格地址由所在的行和列决定，如 B5 单元格在 B 行，5 列。(　　)
25. 工作表是 Excel 的主体部分，共有 65536 行，256 列，因此，一张工作表共有 65536×256 个单元格。(　　)

二、单项选择题（共 30 题，每题 1 分）

1. 既可做输入设备又可做输出设备的是（　　）。

   A. 键盘　　B. 鼠标　　C. 磁盘　　D. 显示器

2. 系统软件又可称为（　　）。

   A. 连接程序　　B. 应用软件　　C. 装入程序　　D. 系统程序

3. 通常计算机系统是指（　　）。

A. 硬件和固件　　B. 系统软件和应用软件

C. 硬件和软件系统　　D. 软件系统

4. 计算机最具代表性的应用领域有科学计算、数据处理、办公自动化和（　　）。

A. 文字处理　　B. 辅助设计　　C. 文秘　　D. 操作系统

5. CPU 的中文含义是（　　）。

A. 主机　　B. 中央处理器　　C. 运算器　　D. 控制器

6. 键盘上的【Enter】键是（　　）。

A. 输入键　　B. 回车换行键　　C. 空格键　　D. 换挡键

7. 存储器按用途不同可分为（　　）两大类。

A. RAM 和 ROM　　B. 主存储器和辅助存储器

C. 内存和磁盘　　D. 软盘和硬盘

8. 在存储系统中，PROM 是指（　　）。

A. 固定只读存储器　　B. 可编程只读存储器

C. 可读写存储器　　D. 可再编程只读存储器

9. 软盘外框上的矩形缺口是用于判断该盘是否处于（　　）。

A. 机械定位　　B. “0”磁道定位　　C. 写保护　　D. 读保护

10. PC-DOS 操作系统属于（　　）类型操作系统。

A. 单用户　　B. 多用户　　C. 实时　　D. 分时

11. 用户在 DOS 3.30 版本下开发的应用软件，在 DOS 6.20 环境下（　　）。

A. 不能运行　　B. 能够运行

C. 必须经过修改后才能运行　　D. 必须重新开发

12. TYPE 命令显示的内容能被人们正确阅读的只能是（　　）文件。

A. 文本　　B. 目标　　C. 机器码　　D. 磁盘

13. 列出当前目录中所有第 2、第 3 字符为 KL 的文件名清单，应使用（　　）命令。

A. DIR KL*.*　　B. DIR *KL.*　　C. DIR ?KL?.*　　D. DIR ?KL*.*

14. DOS 中的所有内部命令含在（　　）文件中，并在开机后自动调入内存。

A. IBMBIO.COM　　B. COMMAND.COM

C. AUTOEXEC.BAT　　D. COMMAND.EXE

15. Windows“开始”菜单包含了 Windows 系统的（　　）。

A. 主要功能　　B. 全部功能　　C. 部分功能　　D. 初始化功能

16. 对话框与窗口类似，但对话框（　　）等。

A. 没有菜单栏，尺寸是可变的，比窗口多了标签和按钮

B. 没有菜单栏，尺寸是固定的

C. 有菜单栏，尺寸是可变的，比窗口多了标签和按钮

D. 有菜单栏，尺寸是固定的，比窗口多了标签和按钮

17. 在 Windows 中，应用程序的窗口的基本结构是一致的，由标题栏、控制图标、（ ）、图标区及状态栏等组成。
A. 对话框　B. 单选框　C. 菜单栏　D. 命令按钮

18. 在 Windows 中能更改文件名的操作是（ ）。
A. 单击文件名，然后选择“重命名”命令输入新文件名后按【Enter】键
B. 右击文件名，然后选择“重命名”命令输入新文件名后按【Enter】键
C. 双击文件名，然后选择“重命名”命令输入新文件名后按【Enter】键
D. 右键双击文件名，然后选择“重命名”命令输入新文件名后按【Enter】键

19. 在 Windows 中，下列叙述错误的是（ ）。
A. 可同时运行多个程序　B. 桌面上可同时容纳多个窗口
C. 可支持鼠标操作　D. 可运行所有的 DOS 应用程序

20. 在 Windows 中同时运行多个程序时，会有若干个窗口显示在桌面上，任一时刻只有一个窗口与用户进行交互，该窗口称之为（ ）。
A. 运行程序窗口　B. 活动窗口　C. 移动窗口　D. 菜单窗口

21. 在 Word 环境下，如果在编辑文本时执行了错误操作，（ ）功能可以帮助你恢复原来的状态。
A. 复制　B. 粘贴　C. 撤销　D. 清除

22. 在 Word 环境下要打开菜单，可用（ ）键和各菜单名旁带下画线的字母。
A.【Ctrl】　B.【Shift】　C.【Alt】　D.【Ctrl+Shift】

23. 在 Word 环境下，关于打印预览叙述不正确的是（ ）。
A. 在打印预览中可以清楚观察到打印的效果
B. 可以在打印预览视图中直接编辑文本
C. 不可在预览窗口中编辑文本，只能回到编辑状态下才可以编辑
D. 预览时可以进行单页显示或多页显示

24. 在 Word 环境下，可以利用（ ）很直观地改变段落缩进方式，调整左右边界。
A. 菜单栏　B. 工具栏　C. 格式栏　D. 标尺

25. 在 Word 环境下，进行打印设置，说法正确的是（ ）。
A. 只能打印文档的全部信息　B. 不能跳页打印
C. 一次只能打印一份　D. 可以打印多份

26. 在 Excel 中选择活动行的 A 列，按（ ）键。
A.【Ctrl+Home】　B.【Home】　C.【Home+Alt】　D.【Pg Up】

27. 在数据移动过程中，如果目的地已经有数据，则 Excel 会（ ）。
A. 请示是否将目的地的数据后移　B. 请示是否将目的地的数据覆盖
C. 直接将目的地的数据后移　D. 直接将目的地的数据覆盖

28. Excel 电子表格中可以激活菜单栏的功能键是（ ）。
A.【F1】　B.【F10】　C.【F9】　D.【F2】

29. Excel工作表中，单元格的默认宽度是（　　）。

A. 10个字符宽　　B. 9个字符宽　　C. 8个字符宽　　D. 7个字符宽

30. 在Excel中用拖动法改变行的高度时，将鼠标指针移到（　　），指针变成黑色的双向垂直箭头，往上下方向拖动，行的高度合适时，松开鼠标。

A. 列号框的左边线　　B. 行号框的底边线

C. 列号框的右边线　　D. 行号框的顶边线

三、多项选择题（凡多选、漏选、错选均不得分。共10题，每题2分）

1. 下列删除子目录的命令有（　　）。

A. DELTREE　　B. RD　　C. CD　　D. MD

2. 计算机病毒的特点为（　　）。

A. 传染性　　B. 潜伏性　　C. 破坏性　　D. 针对性

3. 下列设备中，可作输入设备的有（　　）。

A. 显示器　　B. 鼠标器

C. 键盘　　D. 硬盘驱动器

4. 下面的命令中（　　）是正确的。

A. COPY A:\FILE.DAT B:

B. COPY AA1.TXT+AA2.TXT　AA.TXT

C. COPY A:\FILE.DAT B:\B

D. COPY A:\AUTOEXEC.BAT CON

5. 在DOS系统中文件分为（　　）。

A. 磁盘文件　　B. 内存文件　　C. 设备文件　　D. 打印文件

6. 在Windows中，有以下按钮（　　）

A. 命令　　B. 单选　　C. 复选　　D. 数字选择

7. 在Windows中，可完成的磁盘操作有（　　）。

A. 磁盘格式化　　B. 软盘复制　　C. 磁盘清理　　D. 整理碎片

8. 关于Word的操作，哪些是正确的（　　）。

A. 可用鼠标选中相邻的几个字符

B. 可用键盘选中相邻的几行文字

C. 键盘只能用来输入文字，不能控制光标

D. 菜单操作只能用鼠标完成，不能用键盘实现

9. 如果要在公式中使用日期或时间，则以下说法错误的是（　　）。

A. 用单引号打头的文本形式输入，如：'08-3-5

B. 用双引号的文本形式输入，如："08-3-5"

C. 用括号的文本形式输入，如：(08-3-5)

D. 日期或时间根本就不能出现在公式中

10. 当单元格中输入的数据宽度大于单元格宽度时，若输入的数据是文本，则（　　）。

A. 如果左边单元格为空时，数据将跨列显示

B. 如果左边单元格为非空时，将只显示数据的前部分

C. 显示为“#####”或用科学计数法表示

D. 显示为“Error!”或用科学计数法表示

四、填空题（共 10 题，每题 1 分）

1. 十进制数 295 所对应的八进制数是 ________。
2. 计算机可直接执行的指令一般都包含操作码和 ________两个部分。
3. 操作系统命令按执行命令的程序所在地方的不同而分内部和 ________命令。
4. 启动 MS-DOS 系统后，能自动执行的批处理文件是 ________.bat。
5. 使用“附件”菜单中 ________选项，可以实现磁盘碎片的收集。
6. 当任务栏被隐藏时用户可以按【Ctrl+ ________】键的快捷方式打开“开始”菜单。
7. 在 Word 中插入的文本框可以是横排的也可以是 ________的。
8. 在 Word 中选择 ________菜单的“自动更正”命令，可以打开“自动更正”对话框。
9. 单元格的引用有相对引用、绝对引用、 ________。如：B2 属于 ________。
10. 在 Excel 中输入文本数据时，应先输入一个 ________号。

模 拟 题 二

一、判断题（共 25 题，每题 1 分）

1. 十进制数 214 转换成十六进制数是 D6。（　　）
2. 在硬盘上有扇区存在，而在软盘上没有扇区的存在。（　　）
3. 辅助存储器是用以存放暂不处理的数据。（　　）
4. 计算机的指令是一组二进制代码，是计算机可以直接执行的操作命令。（　　）
5. 开机时先开显示器后开主机，关机时先关主机后关显示器。（　　）
6. 程序是能够完成特定功能的一组指令序列。（　　）
7. 在使用 DEL 命令时，磁盘不能处于写保护状态。（　　）
8. 操作系统是用户和计算机之间的接口。（　　）
9. DOS 的内部命令在引导 DOS 时被装入内存，而外部命令一般不常驻内存。（　　）
10. 品牌微机的最大缺点是价格高。（　　）
11. 显示文件的命令 TYPE 是外部命令。（　　）
12. 高级程序员使用高级语言，普通用户使用低级语言。（　　）
13. 在 Windows 操作系统中，也可以用键盘执行菜单命令。（　　）
14. 在 Windows 的任务栏被隐藏时，用户可以用按【Ctrl+Tab】组合键的方式打开“开始”菜单。（　　）
15. 要将整个桌面的内容存入剪贴板，应按【Ctrl+Print Screen】组合键。（　　）
16. 在 Windows 中，被删除的文件或文件夹可以被放进“回收站”中。（　　）
17. 用电缆连接多台计算机就构成了计算机网络。（　　）

18. 在 Word 环境下，如果想在表格的第二行与第三行之间插入一个空行，可以将光标移动到第二行最后一列表格外，按【Enter】键即可。(　　)
19. 在 Word 的默认环境下，编辑的文档每隔 10 分钟就会自动保存一次。(　　)
20. 在 Word 环境下“工具栏”对话框中，如果看到“常用”和“格式”前面的方框中没有√符号，则说明这两组工具栏显示在屏幕上。(　　)
21. 在 Word 环境下，用户大部分时间可能在普通视图模式下工作，在该模式下用户看到的文档与打印出来的文档完全一样。(　　)
22. 在 Excel 中使用函数，不必像使用公式那样必须输入数字运算符。(　　)
23. 在 Excel 中使用“重复”按钮允许用户重复执行前 16 次操作。(　　)
24. 在 Excel 中输入一个公式时，可以以等号开头。(　　)
25. 在 Excel 中在某个区域中的所有单元格中输入同一公式是按【Ctrl+Enter】组合键。(　　)

二、单项选择题（共 30 题，每题 1 分）

1. 二进制数 11000110 对应的十进制数为(　　)。
   A. 306　B. 126　C. 198　D. 1638
2. 硬盘驱动器(　　)。
   A. 全封闭，耐震性好，不易损坏　B. 不易碎，不像显示器那样要注意保护
   C. 耐震性差，搬运时要注意保护　D. 不用时应套入纸套，防止灰尘进入
3. 世界上的第一台个人计算机于(　　)年问世。
   A. 1964　B. 1970　C. 1971　D. 1980
4. 中文字符编码采用(　　)。
   A. 拼音码　B. 国标码　C. ASCII 码　D. BCD 码
5. 字符 0 对应的 ASCII 码值是(　　)。
   A. 47　B. 48　C. 46　D. 49
6. 在多媒体系统中，最适合存储声、图、文等多媒体信息的是(　　)。
   A. 激光视盘　B. 硬盘　C. CD-ROM　D. ROM
7. 目前微机使用的标准软盘的存储容量有 360KB、720KB、(　　)、1.44MB 等几种。
   A. 1.2KB　B. 1.2MB　C. 640KB　D. 760KB
8. 微机的字长取决于(　　)。
   A. 地址总线　B. 控制总线　C. 通信总线　D. 数据总线
9. 微机系统中对输入输出设备进行管理的基本程序放在(　　)。
   A. 寄存器中　B. 硬盘上　C. RAM 中　D. ROM 中
10. 用 C 语言编制的源程序要变为目标程序，必须经过(　　)。
    A. 汇编　B. 解释　C. 编辑　D. 编译
11. 热启动 DOS 的方法是(　　)键。
    A. 依次按下【Ctrl】+【Alt】+【Del】　B. 依次按下【Ctrl】+【Alt】+【Esc】
    C. 同时按下【Ctrl】+【Alt】+【Del】　D. 同时按下【Ctrl】+【Alt】+【Esc】

12. 磁盘的磁面是由很多个半径不同的同心圆构成，这些同心圆称为（　　）。
A. 扇区　　B. 磁道　　C. 柱面　　D. 簇
13. 实时操作系统的最重要指标是（　　）。
A. 多任务　　B. 多用户　　C. 多窗口　　D. 实时性
14. 软盘驱动器 A 的当前目录为\WCG1\TOOLS，DOS 提示符为 C:\WCG2\TOOLS 从 C 盘执行命令 CD A:\WCG1\TOOLS 后，（　　）。
A. DOS 提示命令出错
B. 系统提示符为 A:\WCG1\TOOLS
C. 系统提示符为 C:\WCG2\TOOLS
D. 系统提示符为 C:\WCG1\TOOLS
15. 格式化磁盘的方法是选择磁盘驱动器对象，（　　）弹出磁盘驱动器对象的快捷菜单，使用菜单中的格式化命令来完成的。
A. 单击　　B. 双击　　C. 右击　　D. 右键双击
16. 通常把可以直接启动或执行的文件称之为（　　）。
A. 数据文件　　B. 文本文件　　C. 程序文件　　D. 多媒体文件
17. 在任何时候想得到关于当前打开菜单或对话框内容的帮助信息，可以（　　）。
A. 按【F1】键　　B. 按【F2】键　　C. 使用菜单帮助　　D. 单击工具栏帮助按钮
18. 任务栏通常是在（　　）的一个长条，左端是“开始”菜单，右端显示时钟、中文输入法等。
A. 桌面左边　　B. 桌面右边　　C. 桌面底部　　D. 桌面上部
19. Windows 的“桌面”指的是（　　）。
A. Windows 启动后的整个屏幕　　B. 全部窗口
C. 某个窗口　　D. 活动窗口
20. Windows 窗口中的工具按钮的功能（　　）。
A. 都可以在菜单中实现　　B. 其中一部分可以在菜单中实现
C. 都不能通过菜单实现　　D. 比菜单能够实现的功能多
21. 一个网络要正常工作，需要有（　　）的支持。
A. 多用户操作系统　　B. 批处理操作系统
C. 分时操作系统　　D. 网络操作系统
22. 在 Word 环境下选择表格中的一行或一列以后，（　　）就能删除该行或该列。
A. 按空格键　　B. 按【Ctrl+Tab】键
C. 单击“剪切”按钮　　D. 按【Insert】键
23. 在 Word 环境下，不可以对文本的字形进行设置（　　）。
A. 倾斜　　B. 加粗　　C. 倒立　　D. 加粗并倾斜
24. 在 Word 环境下要选定整个文档，可以将鼠标指针移到文本选定区中任意位置，然后按住（　　）键单击。
A.【Esc】　　B.【Shift】　　C.【Ctrl】　　D.【Alt】
25. 在 Word 的打印预览工具栏中有（　　）个按钮。
A. 9　　B. 6　　C. 8　　D. 10

26. 在 Word 环境下，如果要对已有表格的每一行求和，可选择公式（　　）。
A. =SUM　　B. =SUM（LEFT）　　C. =SORT　　D. =QRT
27. 在 Word 环境下，最多可以分（　　）栏。
A. 1　　B. 2　　C. 3　　D. 4
28. 在 Excel 中要改变显示在工作表中的图表类型，应在（　　）菜单中选一个新的图表类型。
A. 图表　　B. 格式　　C. 插入　　D. 工具
29. 在 Excel 中，当进行输入操作时，如果先选中一定范围的单元格，则输入数据后的结果是（　　）。
A. 凡是所选中的单元格中都会出现所输入的数据
B. 只有当前活动单元格中会出现输入的数据
C. 系统提示“错误操作”
D. 系统会提问是在当前活动单元格中输入还是在所有选中单元格中输入
30. 在 Excel 中要移向单元 A1，按（　　）键。
A.【Ctrl+Home】　B.【Home】　　C.【Home+Shift】　D.【Pg Up】

三、多项选择题（凡多选、漏选、错选均不得分。共 10 题，每题 2 分）

1. 按照键盘输入的指法要求，左手无名指应负责的按键包括（　　）。
A.【E】　　B.【W】　　C.【K】　　D.【2】
2. 在 DOS 系统中，关于格式化磁盘正确的说法是（　　）。
A. 不同操作系统下格式化的软盘是不可通用的
B. 写保护装置起作用的磁盘无法被格式化
C. 格式化一个磁盘将破坏磁盘上所有信息
D. 在 DOS 下被格式化过的磁盘不能再进行格式化
3.（　　）是 DOS 的基本组成部分。
A. COMMAND.COM　　B. IO.SYS
C. MSDOS.SYS　　D. CONFIG.SYS
4. 在 Windows 窗口的标题栏上可能存在的按钮有（　　）。
A.“最小化”按钮　　B.“最大化”按钮
C.“关闭”按钮　　D.“还原”按钮
5. 按“开始”按钮可打开“开始”菜单，这个菜单为用户提供了任务栏大多数的功能。包括有哪些选项（　　）。
A.“程序”和“运行”　　B.“设置”和“帮助”
C.“文档”和“查找”　　D.“关闭系统”
6. Internet 提供的主要服务功能包括（　　）。
A. 文件传输　　B. WWW　　C. 远程登录　　D. 电子邮件
7. 在 Word 环境下插入人工分页符的方法有（　　）。
A. 利用菜单栏中“插入”→“分隔符”命令，在对话框中选“分页符”选项，按“确定”按钮
B. 利用菜单栏中“工具”→“分割符”命令，在对话框中选“分页符”选项，按“确定”按钮

C. 按【Ctrl+Enter】组合键

D. 以上方法均正确

8. 在 Excel 中，若要对执行的操作进行撤销，则以下说法错误的有（　　）。

A. 最多只能撤销 1 次　　B. 最多只能撤销 16 次

C. 最多可以撤销 100 次　　D. 可以撤销无数次

9. 在工作表中建立函数的方法有以下几种（　　）。

A. 直接在单元格中输入函数　　B. 直接在编辑栏中输入函数

C. 利用工具栏上的函数工具按钮　　D. 利用工具栏上的函数指南按钮

10. 在 Excel 中，下列（　　）属于混合引用。

A. K9　　B. H$63　　C. C1　　D. $IS7

四、填空题（共 10 题，每题 1 分）

1. UNIX 操作系统 90%以上是由 ________语言开发出来的。

2. CPU 包括运算器和 ________。

3. 输入设备和输出设备统称为 ________。

4. 文件的扩展名通常用 ________个字符表示。

5. 如果希望当前盘符为 A:，则只要键入 ________。

6. 在 Windows 中格式化磁盘，应当用“我的电脑”或 ________两个应用程序窗口选取。

7. 在 Word 环境下“文件”菜单底部默认状态下会列出最近打开过的 ________个文档。

8. 在 Excel 中向单元格中输入公式时，公式前应冠以 ________。

9. 在 Excel 中新建一个文档的快捷键是 ________ + ________。

10. Excel 文件默认的后缀名是 ________。

模 拟 题 三

一、判断题（共 25 题，每题 1 分）

1. 保证计算机系统的安全性是系统管理员的工作，与普通用户没有太大的关系。(　　)

2. 软盘是按磁道和扇区来存储信息的。(　　)

3. 外部设备是介于用户和计算机主机之间的装置。(　　)

4. 对存储器一次存操作以及一次取操作所需的时间之和，称为存取周期。(　　)

5. 指令是计算机用以控制各部件协调动作的命令。(　　)

6. 磁盘上的文件若被删除都可以设法恢复。(　　)

7. 微型计算机的内存储器是指安放在主机箱内的各种存储设备。(　　)

8. 在 DOS 系统中使用 DEL *.*命令可以删去盘中包括子目录在内的所有文件。(　　)

9. 在 DOS 系统中 RENAME 命令只能在同一磁盘上更改文件名。(　　)

10. 在 DOS 系统中系统配置文件 CONFIG.SYS 一经修改立即生效。(　　)

11. 内部命令在系统启动时装入内存并且常驻于内存。(　　)

12. 要将整个桌面的内容存入剪贴板，应按【Ctrl+Print Screen】组合键。(　　)
13. 在 Windows 中，图标只能代表某个应用程序。(　　)
14. Windows 的剪贴板只能存放文本信息。(　　)
15. 保存文件时，在“另存为”对话框中可以选择文件存放的位置。(　　)
16. 在 Windows 中，Reports.Sales.Davi.May 98 是正确的文件名。(　　)
17. 用电缆连接多台计算机就构成了计算机网络。(　　)
18. 在计算机网络中只能共享软件资源，不能共享硬件资源。(　　)
19. 在 Word 环境下，使用工作区上方的标尺可以很容易地设置页边界。(　　)
20. 在 Word 环境下菜单栏内有七个菜单选项，如“文件”、“编辑”等。(　　)
21. 在 Word 环境下，一共有四种制表位，它们是左对齐、右对齐、居中对齐和小数点对齐。(　　)
22. 在 Word 环境下如果用鼠标选择一整段，则只要在段内任何位置击三次鼠标右键即可。(　　)
23. Excel 中常用工具栏中的格式刷只能复制数据的格式，不能复制数据。(　　)
24. 向 Excel 工作表中输入公式时，若在公式中夹有文本数据，应使用西文单引号将文本部分括住。(　　)
25. Excel 的函数中有多个参数，必须用分号隔开。(　　)

二、单项选择题（共 30 题，每题 1 分）

1. 在下列操作中，能导致 DOS 系统重新启动但不进行自检的是(　　)。
   A. 加电开机　　B. 按【Ctrl+Break】组合键
   C. 按【Ctrl+Alt+Del】组合键　　D. 按 Reset 按钮
2. 将二进制数 1101001 转换成八进制数是(　　)。
   A. 151　　B. 152　　C. 161　　D. 162
3. 下列语句中，(　　)是正确的。
   A. 1KB=1024×1024×1027B　　B. 1KB=1024MB
   C. 1MB=1024×1024B　　D. 1MB=1024B
4. 软盘上第(　　)磁道最重要，一旦破坏，该盘就不能使用了
   A. 1 磁道　　B. 0 磁道　　C. 80 磁道　　D. 79 磁道
5. 软盘连同软盘驱动器是一种(　　)。
   A. 外部设备　　B. 外存储器　　C. 内存储器　　D. 数据库
6. 二进制数 1011+101 等于(　　)。
   A. 10000　　B. 10110　　C. 10001　　D. 10111
7. 文件基本名与扩展名用(　　)字符隔开。
   A. ,　　B. .　　C. /　　D. \
8. 下面关于机器语言的叙述不正确的是(　　)。
   A. 机器语言编写的程序是机器化代码的集合
   B. 机器语言是第一代语言，从属于硬设备
   C. 机器语言程序执行效率高
   D. 机器语言程序需要编译后才能运行

9. 关于 BIOS 错误的说法是（ ）。

A. 是以低级语言编写的控制程序
B. 管理计算机各项基本组件的操作
C. 是专供用户程序利用的工作区域
D. 管理主机和外部设备之间的数据传输

10. 控制终止 DOS 程序运行所使用的命令是组合键 Ctrl+（ ）。

A. ECHO OFF B. BREAK C. ECHO ON D. FILES

11. COPY CON FILE 是（ ）的命令。

A. 复制 FILE 文件夹
B. 把键盘数据送入 FILE 文件
C. 把 FILE 文件复制到打印机
D. 把 FILE 文件复制到屏幕

12. 操作系统中，文件系统的主要功能是（ ）。

A. 实现虚拟储存
B. 实现对文件的按名存取
C. 实现对文件的按内容存取
D. 实现对文件的高速输入/输出

13. A>CD TEST 表示（ ）。

A. 查询 TEST 子目录内容
B. 将当前工作目录转移到 TEST 子目录下
C. 以 CD 命令建立批文件 TEST.BAT
D. 建立新的 TEST 子目录

14. 如果在启动 DOS 盘根目录中有文件 AUTOEXEC. BAT，则（ ）。

A. DOS 启动时自动执行其中包含的命令
B. 关机时自动执行其中包含的命令
C. DOS 启动后每隔一段时间执行一遍其中包含的命令
D. DOS 启动后，操作者输入日期、时间后自动执行其中包含的命令

15. 当选定文件或文件夹后，下列操作中不能删除该文件或文件夹的是（ ）。

A. 在键盘上按 Del 键
B. 用鼠标右键单击该文件或文件夹，打开快捷菜单，然后选择“删除”命令
C. 在文件菜单中选择“删除”命令
D. 用鼠标左键双击该文件或文件夹

16. 在文件夹中可以包含有（ ）。

A. 文件
B. 文件、文件夹
C. 文件、快捷方式
D. 文件、文件夹、快捷方式

17. 什么是 Windows 中所指的对象（ ）。

A. 窗口 B. 图标 C. 窗口和图标都是 D. 都不是

18. 在 Windows 中，关于“开始”菜单叙述不正确的是（ ）。

A. 单击“开始”按钮，可以启动“开始”菜单
B. 用户想做的任何事都可以启动“开始”菜单
C. 可在“开始”菜单中增加菜单项，但不能删除菜单项
D. “开始”菜单包括关闭系统、帮助、程序、设置等菜单项

19. 由 MS-DOS 状态返回到 Windows 状态所用的命令是（ ）。

A. RETURN B. EXIT C. 暂时挂起来 D. 出错

20. Internet 中的 IP 地址是（　　）。

A. IP 地址就是联网主机的网络号　　B. IP 地址可由用户任意指定

C. IP 地址是由主机名和域名组成　　D. IP 地址由 32 个二进制位组成

21. 在 Word 环境下，Word 在保存文件时自动增加的扩展名是（　　）。

A. .TXT　　B. .DOC　　C. .SYS　　D. .EXE

22. 在 Word 环境下，改变“间距”说法正确的是（　　）。

A. 只能改变段与段之间的间距　　B. 只能改变字与字之间的间距

C. 只能改变行与行之间的间距　　D. 以上说法都不成立

23. 在 Word 环境下，在文本中插入文本框（　　）。

A. 是竖排的　　B. 是横排的

C. 既可以竖排，也可以横排　　D. 可以任意角度排版

24. 在 Word 的默认状态下，以下项中（　　）没有出现在 Word 打开的屏幕上。

A. MicroSoft Word 帮助主题　　B. 菜单栏

C. 工具栏　　D. 状态栏

25. 在 Word 环境下打开一个已有的 Word 文档的组合键是（　　）。

A.【Ctrl+S】　　B.【Ctrl+O】　　C.【Ctrl+N】　　D.【Ctrl+Y】

26. 在 Word 环境下使用艺术字体可使文本产生特殊效果，选择菜单栏中的“插入”命令，然后再选（　　）命令，从显示的对话框中选择“MicroSoft Word Art”选项即可启动艺术字体。

A. 图片　　B. 文本框　　C. 对象　　D. 图文框

27. 启动 Excel 是在启动（　　）的基础上进行的。

A. Windows　　B. UCDOS　　C. DOS　　D. WPS

28. 在 Excel 环境下可在工作表中插入空白单元的命令是（　　）。

A.“编辑”→“插入”　　B.“选项”→“插入”

C.“插入”→“单元格”　　D. 以上都不对

29. 在 Excel 工作表中，（　　）在单元格显示时靠左对齐。

A. 数值型数据　　B. 日期数据　　C. 文本数据　　D. 时间数据

30.（　　）函数是文本函数。

A. VALUE　　B. SUM　　C. AVERAGE　　D. LOOK UP

三、多项选择题（凡多选、漏选、错选均不得分。共 10 题，每题 2 分）

1. 下面会破坏软盘片信息的有（　　）。

A. 弯曲、折叠盘片　　B. 将软盘靠近强磁场

C. 读写频率太高　　D. 周围环境太嘈杂

2. 以下关于文件 CONFIG.SYS 的叙述中，正确的有（　　）。

A. CONFIG.SYS 文件无论在启动盘哪个目录下，DOS 启动时一定会执行

B. CONFIG.SYS 文件内容一经修改，立即生效

C. 修改 CONFIG.SYS 文件内容后，必须重新启动 DOS 才会生效

D. CONFIG.SYS 是包含 DOS 系统配置命令的文件

3. 对图 1 所示的目录结构，如当前系统提示符为“B：\ED>”，要将 WS 子目录的一组文件*.TXT 更名为*.WPS，正确的命令有（　　）。

A. REN \WS*.TXT *.WPS　　　B. REN WS*.TXT *.WPS

C. REN B:\ED\WS*.TXT B:*.WPS　　　D. REN \ED\WS*.TXT *.WPS

```
B：\——TT——|
      |          —PE—|……
      —ED——|
                 —WS—|……
```

图 1　目录结构

4. 下列字符中，Windows 长文件名不能使用的字符有（　　）。

A. <　　　B. ？　　　C. ：　　　D. ；

5. 英文录入时大小写切换键是（　　），还可在按（　　）键的同时按字母来改变大小写。

A.【Tab】　　　B.【CapsLock】　　　C.【Ctrl】　　　D.【Shift】　　　E.【Alt】

6. 关于 Word 文件，哪些叙述是正确的：（　　）。

A. 文档中行之间的距离是可以改变的

B. 文档中一行上的文字允许有不同的字体和大小

C. 可以将整个段落加上边框

D. 段落文字可以具有不同的前景和背景颜色

7. 关于 Word 的字编辑状态的光标，哪些是正确的（　　）。

A. 光标闪烁的位置是录入文字的位置　B. 可以用鼠标改变光标位置

C. 录入文字后，光标位置会自动后移　D. 光标位置不能改变

8. 启动 Excel 的方法，正确的是（　　）。

A. 选择“开始”→“程序”→“Microsoft Excel”命令

B. 双击桌面上 Excel 的图标

C. 双击由 Excel 创建的文档的名称

D. 在“运行”对话框中输入 Excel 程序的完整路径和文件名

9. 一个工作簿可以有多个工作表，关于当前工作表的叙述正确的是（　　）。

A. 当前工作表只能有一个　　　B. 当前工作表可以有多个

C. 单击工作表队列中的表名，可选择当前工作表

D. 按住【Ctrl】键的同时，单击多个工作表名，可选择多个当前工作表

10. 以下在单元格中输入的日期或时间正确的有（　　）。

A. 12:00a　　　B. 08-9-8　　　C. 6-Jun　　　D. 23:59

四、填空题（共 10 题，每题 1 分）

1. 磁盘的格式化命令（FORMAT）包括划分磁道和 ________ 的数目。

2. 激光打印机属于 ________ 方式打字机.

3. CPU 的中文含义是 ________。

4. 设置当前盘为 C 盘，要显示 A 盘的当前目录又不改变当前盘，使用的命令是 ________。

5. 在 Windows 的“格式化”对话框中，关于格式化类型有三个选项，分别是快速、__________、和只复制系统文件。
6. 启动 Word 后，系统会自动建立一个文件名为 __________的空文档。
7. 在 Word 环境下从 __________菜单中选择“段落”命令，屏幕显示“段落”对话框。
8. 若 COUNT(A1:A7)=2，则 COUNT(A1:A7, 3)= __________。
9. Excel 允许用户改变文本的颜色。先选择想要改变文本颜色的单元格或区域，然后单击“格式”工具栏的 __________按钮。
10. 普通的 Internet 用户大多需要通过 Internet 服务商接入 Internet。Internet 服务商的英文缩写为 __________。（请用大写字母）

模拟题四

一、判断题（共 25 题，每题 1 分）

1. 二进制数 101100 转换成等值的八进制数是 45。（　　）
2. 购置微机首先要明确所购微机的配置情况。（　　）
3. 在 ASCII 码字符编码中，控制符号无法显示或打印出来。（　　）
4. 打印机只能打印字符，绘图机才能绘图形。（　　）
5. 若突然断电，RAM 中保存的信息不受影响。（　　）
6. 计算机病毒可以通过网络进行传播。（　　）
7. 通常所说的计算机存储容量是以 ROM 的容量为准。（　　）
8. 磁盘既可作为输入设备又可作为输出设备。（　　）
9. 存储器容量的大小可用 KB 为单位来表示，1KB 表示 1024 个二进制位。（　　）
10. 执行 DISKCOPY 命令时，盘片不一定要先格式化。（　　）
11. COPY 命令不能复制隐含文件。（　　）
12. DOS 热启动不需要启动盘。（　　）
13. 磁盘卷标是由 1～11 个字符组成。（　　）
14. Windows 系统安装并启动后，“回收站”就安排在桌面上了。（　　）
15. 用户不能在 Windows 中隐藏任务栏。（　　）
16. 在 Windows 的窗口中，当窗口内容不能完全显示在窗口中时，在窗口中会出现滚动条。（　　）
17. 在 Windows 中按【Shift+空格键】组合键，可以启动或关闭中文输入法。（　　）
18. 在 Word 环境下在“文件”菜单中选择“打印”命令，屏幕上出现“打印”对话框。（　　）
19. 在 Word 环境下，改变上下页边界将改变页眉和页脚的位置。（　　）
20. Word 提供的自动更正功能是用来更正用户输入时产生的语法类病句。（　　）
21. 在 Excel 中不仅可以进行算术运算，还提供了可以操作文字的运算。（　　）
22. 在工作表窗口中的工具栏中有一个“Σ”自动求和按钮。实际上它代表了工作函数中的“SUM()”函数。（　　）
23. Excel 不能生成三维图表。（　　）
24. 向 Excel 工作表中输入文本数据，若文本数据全由数字组成，应在数字前加一个西文单引号。（　　）

25. SUM(A1, A10)和 SUM(A1:A10)这两个函数的含义是一致的。(　　)

二、单项选择题（共 30 题，每题 1 分）

1. 二进制数 1101×101 等于（　　）。

A. 1000111　　B. 1010101　　C. 10000100　　D. 1000001

2. 以微处理器为核心组成的微型计算机属于（　　）计算机。

A. 第一代　　B. 第二代　　C. 第三代　　D. 第四代

3.（　　）不是微机的主要性能指标。

A. CPU 型号　　B. 主频　　C. 内存容量　　D. 显示器分辨率

4. Intel 公司是生产（　　）的公司。

A. 外部设备　　B. CPU　　C. 主机　　D. 存储器

5. 用 MIPS 来衡量的计算机性能指标是（　　）。

A. 处理能力　　B. 存储容量　　C. 可靠性　　D. 运算速度

6. 目前普遍使用的微型计算机，所采用的逻辑元件是（　　）。

A. 电子管　　B. 大规模和超大规模集成电路

C. 晶体管　　D. 小规模集成电路

7. 下面关于操作系统的四条简单叙述，正确的为操作系统是（　　）。

A. 软件和硬件的接口　　B. 源程序和目标程序的接口

C. 用户和计算机之间的接口　　D. 外部设备与主机之间的接口

8. 在计算机应用的有关书籍中，MIS 通常是指（　　）的英文缩写。

A. 医院信息管理系统　　B. 管理信息系统

C. 管理智能系统　　D. 管理决策系统

9. 微机主板上有 8 位、16 位和（　　）位扩展槽。

A. 64　　B. 32　　C. 24　　D. 18

10. 在微机中，常有 VGA、EGA 等说法，它们的含义是（　　）。

A. 微机型号　　B. 键盘型号　　C. 显示标准　　D. 显示器型号

11. 以下关于计算机特点的论述中，错误的有（　　）。

A. 运算速度快、精度高

B. 具有记忆功能

C. 运行过程是按事先编好的程序指令，自动连续进行，不需人工干预

D. 计算机不能进行逻辑判断

12. 删除当前驱动器下的子目录的命令应该在（　　）操作。

A. 被删除子目录的下级目录　　B. 被删除子目录

C. 文件　　D. 被删除子目录的上级目录

13.（　　）不属于文件操作命令。

A. DISKCOPY　　B. DEL　　C. TYPE　　D. COPY

14. 在 DOS 子目录中欲直接改变当前目录为根目录，可使用（　　）。

A. CD\　　B. CD.　　C. CD.,　　D. CD

15. 利用 COPY 命令将从键盘输入的字符存入 ABC. TXT 文件，应使用（　　）。
 A. COPY　CON　ABC.TXT　　B. COPY　COM1 ABC.TXT
 C. COPY　COM2　ABC.TXT　　D. COPY　KEY　ABC.TXT
16. DOS 格式化命令 FORMAT 不具备（　　）的功能。
 A. 划分扇区　　B. 建立根目录
 C. 检查磁道损坏情形　　D. 建立子目录
17. Windows 是一个（　　）。
 A. 建立在 DOS 基础上的具有图形用户界面的系统操作平台
 B. DOS 管理下的图形窗口软件
 C. 脱离了 DOS 的 32 位操作系统
 D. 脱离了 DOS 操作系统，因而不能运行原来在 DOS 下的程序
18. 在 Windows 环境中，鼠标主要有四种操作方式，即单击、双击、右击和（　　）。
 A. 连续交替击左右键　　B. 拖放
 C. 连击　　D. 与键盘按键配合使用
19. 实行（　　）操作，可以把剪贴板上的信息粘贴到某个文档窗口的插入点处。
 A. 按【Ctrl+C】组合键　　B. 按【Ctrl+V】组合键
 C. 按【Ctrl+Z】组合键　　D. 按【Ctrl+X】组合键
20. 在 Windows 中，不能进行打开“资源管理器”窗口的操作是（　　）。
 A. 右击“开始”按钮
 B. 单击“任务栏”空白处
 C. 选择“开始”菜单栏中“程序”下的“Windows 资源管理器”命令
 D. 右击“我的电脑”图标
21. 在 Windows 中，下列不合法的文件名是（　　）。
 A. FIGURE"BMP　　B. FIGURE BMP
 C. FIGURE.BMP　　D. FIGURE.BMP.001.ARJ
22. 下列四项中，不是文件属性的是（　　）。
 A. 系统　　B. 隐藏　　C. 文档　　D. 只读
23. 在 Word 环境下用菜单进行字符格式排版时，选择（　　）菜单中的“字体”命令，打开“字体”对话框。
 A. 编辑　　B. 插入　　C. 格式　　D. 工具
24. 在 Word 编辑窗口中要将插入点移到文档末尾可按（　　）。
 A.【Ctrl+End】组合键　　B.【End】键
 C.【Ctrl+Home】组合键　　D.【Home】键
25. 在 Word 环境下，关于剪切和复制功能叙述不正确的是（　　）。
 A. 剪切是把选定的文本复制到剪贴板上，仍保持原来选定的文本
 B. 剪切是把选定的文本复制到剪贴板上，同时删除被选定的文本
 C. 复制是把选定的文本复制到剪贴板上，仍保持原来的选定文本
 D. 剪切操作是借助剪贴板暂存区域来实现的

26. 若 A1 单元格为“3”，B1 单元格为 TRUE，则公式 SUM(A1, B1, 2)的计算结果为（　　）。
A. 2　　B. 5　　C. 6　　D. 公式错误
27. Excel 可以选择（　　）菜单的“拼写检查”选项开始拼写检查。
A. 编辑　　B. 插入　　C. 格式　　D. 工具
28. Excel 工作簿存为磁盘文件，其默认扩展名为（　　）。
A. SLX　　B. XLS　　C. DOC　　D. GZB
29. &表示（　　）。
A. 算术运算符　　B. 文字运算符　　C. 引用运算符　　D. 比较运算符
30. Excel 可以直接按（　　）键来执行“重复”命令。
A.【F1】　　B.【F2】　　C.【F3】　　D.【F4】

三、多项选择题（凡多选、漏选、错选均不得分。共 10 题，每题 2 分）

1. 笔记本式计算机的特点是（　　）。
A. 质量小　　B. 体积小　　C. 体积大　　D. 便于携带
2. “存储程序”的工作原理的基本思想是（　　）。
A. 事先编好程序　　B. 将程序存储在计算机中
C. 在人工控制下执行每条指令　　D. 自动将程序从存放的地址取出并执行
3. 下列说法正确的有（　　）。
A. 硬盘只有一个根目录，而软盘可以有多个根目录
B. 硬盘可以有多个根目录，而软盘只能有一个根目录
C. 硬盘、软盘都只能有一个根目录
D. 硬盘、软盘都只能有一个根目录，但可有多个子目录
4. 下列命令，使 A 驱软盘可能成为系统盘的命令有（　　）。
A. C:\DOS>FORMAT A:/S
B. C:\DOS>FORMAT A:/V
C. C:\>COPY IO.SYS A:　　C:\>COPY MSDOS.SYS A:　　C:\>COPY COMMAND. COM A:
D. A:\>C:\DOS\DISKCOPY
5. 下面关于 Windows 正确的叙述有（　　）。
A. Windows 的操作既能用键盘也能用鼠标
B. Windows 中可以运行某些 DOS 下研制的应用程序
C. Windows 提供了友好方便的用户界面
D. Windows 是真正 32 位的操作系统
6. 在资源管理器的“查看”菜单中，改变对象显示方式的命令有（　　）。
A. 大图标　　B. 小图标　　C. 列表　　D. 详细资料
7. 在 Windows 中查找操作中（　　）。
A. 可以按文件类型进行查找
B. 不能使用通配符
C. 如果查找失败，可直接在输入新内容后单击“开始查找”按钮
D. 在“查找结果”列表框中可直接进行复制或进行删除操作

8. 在 Word 环境下段落对齐的方式有（　　）。

A. 右对齐　　B. 分散对齐　　C. 居中　　D. 两端对齐

9. Excel 可以对工作表进行（　　）。

A. 删除　　B. 命名　　C. 移动　　D. 复制

10. 假如你家里有台微机要上因特网，则除了一条电话线外，还必须（　　）。

A. 配有一个 CD-ROM　　B. 配有一个调制解调器

C. 配有一个鼠标　　D. 向 Internet 服务商申请一个账号

四、填空题（共 10 题，每题 1 分）

1. 微机上用于重新启动系统的按钮是 ________。
2. 从计算机部件角度看，计算机硬件包括 ________，________，________，以及输入设备和输出设备五大部件。
3. 操作系统的五大管理功能包括:处理器管理、________管理、________管理、设备管理和作业管理。
4. 扩展名为 EXE 的文件类型是 ________ 文件。
5. 在 Windows 中，在默认状态下，“开始”菜单中“文档”选项最多可以列出 ________ 个最近使用过的文档。
6. 用 ________ +空格键可以进行全角/半角的切换。
7. 在 Word 环境下，工具栏上的剪刀图形代表 ________ 功能。
8. 在 Word 环境下，可以通过选择 ________ 菜单下的 ________ 来统计全文的字符数。
9. 在 Word 环境下，如需要在编辑文章中插入页眉和页脚，在菜单 ________ 中选择。
10. 在 A1 至 A5 单元格中求出最小值，应用函数 ________。

模 拟 题 五

一、判断题（共 25 题，每题 1 分）

1. 计算机病毒只能通过可执行文件进行传播。（　　）
2. 所有微处理器的指令系统是通用的。（　　）
3. 主频越高，机器的运行速度也越高。（　　）
4. 系统软件包括操作系统、语言处理程序和各种服务程序等。（　　）
5. 在计算机中用二进制表示指令和字符，用十进制表示数字。（　　）
6. DOS 的目录是采用环状结构。（　　）
7. DIR/W 是用来显示文件名称，但只列出文件名称，每行可显示六个文件名。（　　）
8. 买来的软件是系统软件，自己编写的软件是应用软件。（　　）
9. 在 Windows 中，用户不能对开始菜单进行添加或删除。（　　）
10. 在资源管理器窗口中，有的文件夹前面带有一个加号，它表示的意思是该文件夹中含有文件或文件夹。（　　）
11. 资源管理器只能管理文件和文件夹。（　　）
12. Windows 的窗口是可以移动位置的。（　　）

13. 在计算机网络中只能共享软件资源，不能共享硬件资源。(　　)
14. 在 Word 环境下在字号中，磅值越大，表示的字越小。(　　)
15. 在 Word 环境下，必须在页面模式下才能看到分栏排版的全部文档。(　　)
16. 在 Word 97 中，当按住垂直滚动条进行拖动时，会显示相应页码提示。(　　)
17. Word 环境下创建的模板的文件名必须以 doc 为扩展名。(　　)
18. Word 提供了若干安全和保护功能。可任选下列操作：(　　)
(1) 限制用户对文档的修改权以“保护”文档。
(2) 设置密码以限制对文档的存取。
19. 在“页面设置”对话框中，设有“页面”等三个标签。(　　)
20. 在 Excel 中，所有文字型数据在单元格中均将左对齐。(　　)
21. 自动填充不能填充序列：零件 1、零件 2、零件 3、零件 4……。(　　)
22. Excel 中利用工具栏中的格式刷，可以把源单元格的全部格式复制到目的单元格。(　　)
23. 在 Excel 工作表中可以完成超过三个关键字的排序。(　　)
24. 在执行对图表进行修饰前，必须选定图表，然后再将图表激活，可对选定的图表双击来激活图表。(　　)
25. 函数本身也可以作为另一个函数的参数。(　　)

二、单项选择题（共 30 题，每题 1 分）

1. (　　) 不属于逻辑运算。
A. 非运算　　B. 与运算　　C. 除法运算　　D. 或运算
2. 信息的最小单位是 (　　)。
A. 字　　B. 字节　　C. 位　　D. ASCII 码
3. 字符 5 和 7 的 ASCII 码是 (　　)。
A. 0000101 和 0000111　　B. 10100011 和 01110111
C. 1000101 和 1100011　　D. 0110101 和 0110111
4. 下列数据中 (　　) 最小。
A. 11011001（二进制数）　　B. 75（十进制数）
C. 37（八进制数）　　D. 2A7（十六进制数）
5. 386 计算机的字长为 (　　)。
A. 16bit　　B. 16B　　C. 32bit　　D. 32B
6. 字长为 8 位的计算机，它能表示的无符号整数的范围是 (　　)。
A. 0 ~ 127　　B. 0 ~ 255　　C. 0 ~ 512　　D. 0 ~ 65535
7. 发现计算机病毒后，较为彻底的清除方法是 (　　)。
A. 删除磁盘文件　　B. 格式化磁盘
C. 用查毒软件处理　　D. 用杀毒软件处理
8. 微型计算机中，I/O 设备的含义是 (　　)。
A. 输入设备　　B. 输出设备　　C. 输入输出设备　　D. 控制设备
9. 启动 DOS 系统就是 (　　)。
A. 让硬盘处于工作状态　　B. 把软盘中的 DOS 系统自动装入 C 盘

C. 把DOS装入内存指定区域中　　D. 给计算机接通电源

10. (　　)文件可用TYPE命令显示其内容。

A. COMMAND.COM　　B. AUTOEXEC.BAT

C. WS.COM　　D. L1.EXE

11. 直接删除一包含有文件的子目录的命令是(　　)。

A. DELTREE　　B. RD　　C. CD　　D. MD

12. 键入DOS命令时，按(　　)键可以自动复制模板中从光标位置开始的全部字符。

A.【F1】　　B.【F2】　　C.【F3】　　D.【F4】

13. 当一个文件重命名后，原文件(　　)。

A. 丢失　　B. 变成新命名的文件

C. 变成BAK文件　　D. 变成系统文件

14. Windows的操作都是在(　　)中进行的。

A. 窗口　　B. 桌面　　C. 对话框　　D. 程序项

15. Windows中，不能在“任务栏”内进行的操作是(　　)。

A. 设置系统日期和时间　　B. 排列桌面图标

C. 排列和切换窗口　　D. 启动“开始”菜单

16. 关于查找文件或文件夹，下列说法正确的是(　　)。

A. 只能利用“我的电脑”打开查找窗口

B. 只能按名称、修改日期或文件类型查找

C. 查找到的文件或文件夹由资源管理器窗口列出

D. 有多种方法打开查找窗口

17. Windows桌面上窗口的大小一般情况下可以(　　)。

A. 仅变大　　B. 大小皆可变　　C. 仅变小　　D. 不能变大和变小

18. 控制面板是Windows为用户提供的一种用来调整(　　)的应用程序，它可以调整各种硬件和软件的任选项。

A. 分组窗口　　B. 文件　　C. 程序　　D. 系统配置

19. “复制磁盘”选项只有在(　　)中才有。

A. 文件快捷菜单　　B. 文件夹快捷菜单

C. 硬盘驱动器快捷菜单　　D. 软盘驱动器快捷菜单

20. Windows环境中，鼠标呈漏斗状表示(　　)。

A. Windows正在执行某一处理任务，请用户稍等

B. Windows执行的程序出错，中止其执行

C. 提示用户注意某个事项，而不影响计算机工作

D. 等待用户输入Y或N，以便继续

21. Word环境下，为了处理中文文档，你可以使用(　　)组合键在英文和各种中文输入法之间进行切换。

A.【Ctrl+Alt】　　B.【Shift+W】　　C.【Ctrl+Shift】　　D.【Ctrl+Space】

22. 在 Word 中，要同时保存正在编辑的多个文档应按住（　　）键的同时单击“文件”菜单，选择“全部保存”选项。
　A. Ctrl　　B. Alt　　C. Shift　　D. Tab
23. Word 环境下，对字体进行设置时（　　）没有出现在格式工具栏上。
　A. 字符底纹　　B. 加粗　　C. 双删除线　　D. 倾斜
24. 在 Word 中，可以连续按（　　）次【F8】键来选中全文。
　A. 1　　B. 3　　C. 4　　D. 5
25. 在 Word 环境下默认的段落对齐方式是（　　）。
　A. 左对齐　　B. 右对齐
　C. 居中对齐　　D. 两端对齐　E.分散对齐
26. 在 Word 环境下，如果我们对已有表格的每一列求和，可选择的公式（　　）。
　A. =SUM　　B. =SUM（ABOVE）
　C. =SORT　　D. =QRT
27. 在 Excel 环境下若要在公式中输入文本型数据"This is"，应输入（　　）。
　A. "This is"　　B. "'This is"　　C. ""This is""　　D. ""This is"
28. 以下操作中不属于 Excel 的操作是（　　）。
　A. 自动排版　　B. 自动填充数据　　C. 自动求和　　D. 自动筛选
29. 默认的图表类型是二维的（　　）图。
　A. 饼　　B. 折线　　C. 条型　　D. 柱型
30. 在 Excel 环境下图表是工作表数据的一种视觉表示形式，图表是动态的，改变图表（　　）后，系统就会自动更新图表。
　A. x 轴数据　　B. y 轴数据　　C. 标题　　D. 所依赖数据

三、多项选择题（凡多选、漏选、错选均不得分。共 10 题，每题 2 分）

1. 程序设计语言包括（　　）。
　A. 机器语言　　B. 汇编语言　　C. 高级语言　　D. 数据库
2. CONFIG.SYS 文件中常用的命令有（　　）。
　A. DOS 内部命令　　B. DOS 外部命令　　C. BUFFERS 命令　　D. FILES 命令
3. 启动 DOS 后，可以自动执行的文件有（　　）。
　A. AUTO.BAT　　B. CONFIG.SYS　　C. AUTOEXEC.BAT　　D. UCDOS.BAT
4. 以下 DOS 命令中属于内部命令的有（　　）。
　A. COPY　　B. FORMAT　　C. MD　　D. DELTREE
5. 在“关闭系统”对话框中，有哪几种选择（　　）。
　A. 关闭计算机　　B. 重新启动计算机
　C. 关闭程序窗口　　D. 重新启动计算机并切换到 MS-DOS 方式
6. 在 Word 环境下要将选定的文本设置为“粗体”，可用的方法有（　　）。
　A. 用菜单栏中的“工具”
　B. 用菜单栏中的“格式”，然后选字体对话框中相应内容
　C. 用格式工具栏中 B 按钮
　D. 用格式工具栏中 U 按钮

7. 关于 Word 的字体，哪些是正确的（　　）。
   A. Word 能使用的字体取决于系统（Windows 操作系统）
   B. 一篇文档可以使用多种字体
   C. 文档中的一个段落必须使用同一字体
   D. 文档中的一行必须使用同一字体
8. 在选定区域内，以下哪些操作可以将当前单元格的上边单元格变为当前单元格（　　）。
   A. 按【↑】键　　B. 按【↓】键
   C. 按【Shift+Tab】组合键　　D. 按【Shift+Enter】组合键
9. 下列哪些方法可把 Excel 文档插入到 Word 文档中（　　）。
   A. 复制　　B. 利用剪贴板　　C. 插入/对象　　D. 不可以
10. 常用的 WWW 浏览器包括（　　）。
   A. Navigator　　B. Internet　Explorer
   C. Windows2000　　D. TCP/IP

四、填空题（共 10 题，每题 1 分）

1. 数字计算机是用来处理离散的数据，而 ________计算机是用来处理连续性数据。
2. “计算机辅助教学”的英文缩写是 ________。（请填英文大写）
3. 光盘存储器包括光盘驱动器和光盘片两部分。光盘驱动器是读取光盘信息的设备，光盘片是 ________的载体。
4. 在指定磁盘上建立子目录的 DOS 命令是 ________或 MD。
5. 使用“附件”菜单中 ________选择项，可以实现磁盘碎片的收集。
6. 保存工作簿文件的操作步骤是：(1) 选择“文件”菜单中的“保存”命令，如果该文件为一个新文件，屏幕显示“________”对话框，如果该文件已经保存过，则系统并不出现该对话框。
7. 一个工作簿可由多个工作表组成，在默认状态下，工作簿由 ________个工作表组成。
8. 若 A1：A3 单元格分别为 1、2、3，则公式 SUM（A1：A3，5）的值为 ________。
9. Excel 中的误操作可用 ________ + ________键撤销。（如有英文请写大写字母）
10. 计算机网络通常可分为 ________网、________网和城域网三大类。

模拟题一答案

一、判断题

1. √　2. ×　3. ×　4. √　5. ×　6. ×　7. ×　8. √　9. √　10. √
11. ×　12. √　13. √　14. ×　15. √　16. ×　17. ×　18. √　19. ×　20. √
21. ×　22. ×　23. √　24. ×　25. √

二、单项选择题

1. C　2. D　3. C　4. B　5. B　6. B　7. B　8. B　9. C　10. A
11. B　12. A　13. D　14. B　15. A　16. B　17. C　18. B　19. D　20. B

21. C　22. C　23. B　24. D　25. D　26. B　27. B　28. B　29. C　30. B

三、多项选择题

1. AB　2. ABCD　3. BCD　4. ABCD　5. AC　6. ABCD　7. ABCD　8. AB　9. AD　10. ABC

四、填充题

1. 447　2. 操作数　3. 外部　4. AUTOEXEC　5. 系统工具　6. ESC　7. 竖排
8. 工具　9. 混合引用　相对引用　10. ’

模拟题二答案

一、判断题

1. √　2. ×　3. √　4. √　5. √　6. √　7. √　8. √　9. √　10. √
11. ×　12. ×　13. √　14. ×　15. ×　16. √　17. ×　18. √　19. √　20. ×
21. ×　22. √　23. ×　24. √　25. √

二、单项选择题

1. C　2. C　3. C　4. B　5. B　6. C　7. B　8. B　9. D　10. D
11. C　12. B　13. D　14. C　15. C　16. C　17. A　18. C　19. A　20. A
21. D　22. C　23. C　24. C　25. A　26. B　27. C　28. A　29. B　30. A

三、多项选择题

1. BD　2. BC　3. ABC　4. ABCD　5. ABCD　6. ACD　7. AC　8. ABC　9. ABC　10. BD

四、填充题

1. C　2. 控制器　3. 外部设备　4. 3　5. A:　6. 资源管理器　7. 4　8. =
9. Ctrl　N　10. .xls

模拟题三答案

一、判断题

1. ×　2. √　3. ×　4. √　5. √　6. ×　7. ×　8. ×　9. √　10. ×
11. √　12. ×　13. ×　14. ×　15. √　16. ×　17. ×　18. ×　19. ×　20. ×
21. ×　22. √　23. √　24. ×　25. ×

二、单项选择题

1. C　2. A　3. C　4. B　5. B　6. A　7. B　8. D　9. C　10. B
11. B　12. B　13. B　14. A　15. D　16. D　17. C　18. C　19. B　20. D
21. B　22. D　23. C　24. A　25. B　26. A　27. A　28. C　29. C　30. A

三、多项选择题

1. AC　2. CD　3. BD　4. AB　5. BD　6. ABCD　7. ABC　8. ABCD　9. ACD　10. BCD

四、填充题

1. 扇区 2. 非击打 3. 中央处理器 4. DIR A: 5. 全面 6. 文档1 7. 格式
8. 3 9. 字体颜色 10. ISP

模拟题四答案

一、判断题

1. × 2. √ 3. √ 4. × 5. × 6. √ 7. × 8. √ 9. × 10. ×
11. √ 12. × 13. √ 14. √ 15. × 16. √ 17. × 18. √ 19. × 20. √
21. √ 22. √ 23. × 24. √ 25. ×

二、单项选择题

1. D 2. D 3. D 4. B 5. D 6. B 7. C 8. B 9. B 10. C
11. D 12. D 13. A 14. A 15. A 16. D 17. A 18. B 19. B 20. B
21. A 22. C 23. C 24. A 25. A 26. A 27. D 28. B 29. B 30. D

三、多项选择题

1. ABD 2. ABD 3. CD 4. AC 5. ABCD 6. ABCD 7. ACD 8. ABCD 9. ABCD 10. BD

四、填充题

1. Reset 2. 运算器 控制器 存储器 3. 存储器 文件 4. 可执行 5. 15
6. Shift 7. 剪切 8. 工具 字数统计 9. 视图 10. =MIN(A1:A5)

模拟题五答案

一、判断题

1. × 2. × 3. √ 4. √ 5. × 6. × 7. × 8. × 9. × 10. √
11. × 12. √ 13. × 14. × 15. √ 16. √ 17. √ 18. √ 19. × 20. √
21. × 22. √ 23. × 24. √ 25. √

二、单项选择题

1. C 2. C 3. D 4. C 5. C 6. B 7. B 8. C 9. C 10. B
11. A 12. C 13. B 14. A 15. B 16. D 17. B 18. D 19. D 20. A
21. C 22. C 23. C 24. D 25. D 26. B 27. D 28. A 29. D 30. D

三、多项选择题

1. ABC 2. CD 3. BC 4. AC 5. ABD 6. BC 7. AB 8. AD 9. ABC 10. AB

四、填充题

1. 模拟计算机 2. CAI 3. 信息 4. MKDIR 5. 系统工具 6. 另存为
7. 3 8. 11 9. CTRL Z 10. 局域 11. 广域

第二部分

综合习题

一、判断题

1. 公式单元格中显示的是公式，而且公式计算的结果显示在下面的单元格。(　　)
2. 在 Excel 环境下在单元格中输入 781101 和输入'781101 是等效的。(　　)
3. 删除单元格就相当于清除单元格的内容。(　　)
4. 在 Excel 中不允许使用四个方向键选择当前单元格。(　　)
5. “零件 1、零件 2、零件 3、零件 4 ……”，不可以作为自动填充序列。(　　)
6. 第二代计算机可以采用高级语言进行程序设计。(　　)
7. 按接收和处理信息方式分类，可以把计算机分为数字计算机、模拟计算机。(　　)
8. 计算机内部不能表示正负数，正负数的表示是通过屏幕显示出来的。(　　)
9. 操作系统是用户和计算机之间的接口。(　　)
10. 程序设计语言是计算机可以直接执行的语言。(　　)
11. Windows 不允许用户进行系统配置（Config）。(　　)
12. Windows 中，“我的电脑”不仅可以进行文件管理，还可以进行磁盘管理。(　　)
13. 在 Windows 资源管理器窗口中可以只列出文件名。(　　)
14. 要调整显示比例，可以单击“放大镜”按钮。(　　)
15. 在 Word 环境下，改变上下页边界将改变页眉和页脚的位置。(　　)
16. Word 只能将文档的全部文字横向排列，而不能将文档的文字全部竖排。(　　)
17. 在 Word 环境下，不能输入表格。(　　)
18. 在字号中，磅值越大，表示的字越小。(　　)
19. 在普通视图和幻灯片视图中都可以显示要插入影片的幻灯片。(　　)
20. 在 PowerPoint 中可以利用空白演示文稿来创建新的 PowerPoint 幻灯片。(　　)
21. 电子邮箱地址为 YJK@online.sh.cn，其中 online.sh.cn 是电子邮件服务器地址。(　　)
22. 用电缆连接多台计算机就构成了计算机网络。(　　)

23. http://www.scit.edu.cn/default.htm 中 default.htm 是被访问的资源。(　　)
24. 只要将几台计算机用电缆连接在一起，计算机之间就能够通讯。(　　)
25. 在 Word 中不能编写 HTML 代码程序。(　　)
26. http://www.scit.edu.cn/default.htm 中，www.scit.edu.cn 是资源存放地址。(　　)
27. 一个图表建立好后，其标题不能修改或添加。(　　)
28. 对于已经保存过的 Excel 文件，“文件”菜单下的“保存”和“另存为”这两个命令的作用是一样的。(　　)
29. 中文 Excel 中要在 A 驱动器存入一个文件，从“另存为”对话框的保存位置下拉列表框中选 A:。(　　)
30. 工作表中可以任意地删除单元格。(　　)
31. 计算机内部最小的信息单位是“位”。(　　)
32. 大规模集成电路是第三代计算机的核心部件。(　　)
33. 计算机病毒是一种能入侵并隐藏在文件中的程序，但它并不危害计算机的软件系统和硬件系统。(　　)
34. 系统软件包括操作系统、语言处理程序和各种服务程序等。(　　)
35. 计算机与计算器的差别主要在于中央处理器速度的快慢。(　　)
36. 在资源管理器窗口中，有的文件夹前面带有一个加号，它表示的意思是在此文件夹中一定包含子目录。(　　)
37. 可以用菜单建立表格。首先将插入点置于指定位置，然后选择“表格”→“插入表格”命令，屏幕显示“插入表格”对话框，默认时提示建立 2 行 5 列表格。(　　)
38. 单击菜单中带有省略号（...）的命令会产生一个对话框。(　　)
39. 在 Word 环境下，被删除了的一段文字，无法再恢复，只能重新输入。(　　)
40. PowerPoint 中，插入到占位符内的文本无法修改。(　　)
41. 在 PowerPoint 2000 的幻灯片上可以插入多种对象，除了可以插入图形、图表外，还可以插入公式、音频和视频。(　　)
42. 在 PowerPoint 2000 中，备注页的内容是存储在与演示文稿文件不同的另一个文件中的。(　　)
43. 收发电子邮件时必须运用 Out Look Express 软件。(　　)
44. IP 的一项重要的功能就是对在 Internet 中的计算机实现统一的 IP 地址编码，并可通过 IP 地址寻找 Internet 中的计算机。(　　)
45. modem 可以通过电话线把两台计算机连接起来。(　　)

二、单项选择题

1. 在 Excel 单元格中，默认的数值型数据的对齐方式是（　　）。

   A. 居中对齐　　B. 靠右对齐　　C. 靠左对齐　　D. 向上对齐

2. Excel 的主要功能是（　　）。

   A. 电子表格、工作簿、数据库　　B. 电子表格、图表、数据库
   C. 电子表格、文字处理、数据库　　D. 工作表、工作簿、图表

3. 当前单元格若输入的是公式，则编辑栏内显示（ ）。

A. 公式　　B. 若公式正确，则显示计算结果

C. 若公式错误，则显示错误信息　　D. 其他信息

4. 在Excel中选取多个单元格范围时，当前活动单元格是（ ）。

A. 第一个选取的单元格范围的左上角的单元格

B. 最后一个选取的单元格范围的左上角的单元格

C. 每一个选定单元格范围的左上角的单元格

D. 在这种情况下，不存在当前活动单元格

5. 在Excel工作表中，可选择一个或一组单元格，其中单元格的数据是（ ）。

A. 1个单元格　　B. 1行单元格

C. 等于被选中的单元格数　　D. 1列单元格

6. 在Excel中一次排序的参照关键字最多可以有（ ）个。

A. 4　　B. 1　　C. 3　　D. 2

7. 世界上第一台电子数字积分计算机在（ ）年诞生于美国。

A. 1917　　B. 1946　　C. 1974　　D. 1983

8. 八进制数127转换为二进制数是（ ）。

A. 1111111　　B. 11111111　　C. 1010111　　D. 1100111

9. 一个16位机的一个机器数能表示的最大无符号数是（ ）。

A. 32 767　　B. 32 768　　C. 65 535　　D. 65 536

10. 在计算机运行时，把程序和程序运行所需要的数据或程序运行产生的数据同时存放在内存中，这种程序运行方式是1946年由（ ）所领导的研究小组正式提出并论证的。

A. 图灵　　B. 布尔　　C. 冯·诺依曼　　D. 爱因斯坦

11. 一台16位机的一个字的长度是（ ）。

A. 8个二进制位　　B. 16个二进制位　　C. 2个二进制位　　D. 不定长

12. 计算机内存比外存（ ）。

A. 便宜　　B. 存储容量大

C. 存取速度快　　D. 虽贵但能存储更多的信息

13. 计算机字长取决于下列哪种总线的宽度？（ ）

A. 数据总线　　B. 地址总线　　C. 控制总线　　D. 通信总线

14. 发现计算机病毒后，较为彻底的清除方法是（ ）。

A. 删除磁盘文件　　B. 格式化磁盘　　C. 用查毒软件处理　　D. 用杀毒软件处理

15. 任何时候想得到关于当前打开菜单或对话框内容的帮助信息，可以（ ）。

A. 按【F1】键　　B. 按【F2】键　　C. 使用菜单帮助　　D. 单击工具栏帮助按钮

16. Windows中执行了删除文件或文件夹操作后（ ）。

A. 该文件或文件夹被彻底删除

B. 该文件或文件夹被送入回收站，可以恢复

C. 该文件或文件夹被送入回收站，不可恢复

D. 该文件或文件夹被送入 TEMP 文件夹

17. 下面关于 Windows 窗口的描述中，(　　) 是不正确的。

A. Windows 窗口有两种类型：应用程序窗口和文档窗口

B. 在 Windows 中启动一个应用程序，就打开了一个窗口

C. 在应用程序窗口中出现的其他窗口，称为文档窗口

D. 每个应用程序窗口都有自己的文档窗口

18. 菜单命令的快捷键一般在（　　）可以查到。

A. 命令名旁带下画线的字母中　　B. 右击出现的快捷菜单里

C. 菜单命令旁　　D. 工具栏上

19. 如果要打开菜单，可以用控制键（　　）和各菜单名旁带下画线的字母。

A.【Ctrl】　　B.【Alt】　　C.【Shift】　　D.【Ctrl+Shift】

20. 关于删除文件夹的操作，正确的是（　　）。

A. 可以通过在文件或文件夹下双击鼠标右键来完成删除操作

B. 一次只能删除一个文件或文件夹

C. 只有当文件夹为空时，才能被删除

D. 删除一个文件夹，其中的文件及下属的文件夹也被删除

21. 在 Word 的编辑状态，当前编辑文档中的字体全是宋体字，选择了一段文字使之成反显状，先设定了楷体，又设定了仿宋体，则（　　）。

A. 文档全文都是楷体　　B. 选择的内容仍为宋体

C. 选择的内容变为仿宋体　　D. 文档的全部文字的字体不变

22. 关于选定文本内容的操作，如下叙述（　　）不正确。

A. 在文本选定区单击可选定一行

B. 可以通过拖动鼠标或组合键操作选定任何一块文本

C. 可以选定两块不连续的内容

D. 选择“编辑”→“全选”命令可以选定全部内容

23. 下列关于编辑页眉页脚的叙述，(　　) 不正确。

A. 文档内容和页眉页脚一起打印

B. 文档内容和页眉页脚可在同一窗口编辑

C. 编辑页眉页脚时不能编辑文档内容

D. 页眉页脚中也可以进行格式设置和插入剪贴画

24. 在 PowerPoint 中，不能对个别幻灯片内容进行编辑修改的视图方式是（　　）。

A. 大纲视图　　B. 幻灯片浏览视图　　C. 幻灯片视图　　D. 以上三项均不能

25. 以下关于设置一个链接到另一张幻灯片的按钮的操作正确的是（　　）。

A. 在“动作按钮”中选择一个按钮，并在“动作设置”对话框中的“超级链接到”中选择“幻灯片”，单击“确定”按钮

B. 在“动作按钮”中选择一个按钮，并在“动作设置”对话框中的“超级链接到”中选择“下一张幻灯片”，单击“确定”按钮

C. 在“动作按钮”中选择一个按钮，并在“动作设置”对话框中的“超级链接到”中直接输入要链接的幻灯片名称，单击“确定”按钮

D. 在“动作按钮”中选择一个按钮，并在“动作设置”对话框中的“运行程序”中直接输入要链接的幻灯片的名称，单击“确定”按钮

26. 在 PowerPoint 中，为了在切换幻灯片时添加声音，可以使用（　　）菜单的“幻灯片切换”命令。

A. 幻灯片放映　B. 工具　C. 插入　D. 编辑

27. 有关网页保存类型的说法中正确的是（　　）。

A. “Web 页，全部”，整个网页的图片、文本和超链接

B. “Web 页，全部”，整个网页包括页面结构、图片、　文本、嵌入文件和超链接

C. “Web 页，仅 HTML”，网页的图片、文本、窗口 框架

D. “Web 页，仅 HTML”，网页的图片、文本

28. 下列不完全的 URL 地址是（　　）。

A. www.scit.edu.cn　B. ftp://www.scit.edu.cn

C. WAIS://www.scit.edu.cn　D. News://www.scit.edu.cn

29. 信息传输速率的单位是 Mbit/s 指的是（　　）。

A. 每秒传输多少兆字节　B. 每分传输多少兆字节

C. 每秒传输多少兆位　D. 每分传输多少兆位

30. IP 地址由一组（　　）的二进制数字组成。

A. 8 位　B. 16 位　C. 32 位　D. 64 位

31. 以下（　　）可用作函数的参数。

A. 单元　B. 数　C. 区域　D. 以上都可以

32. 以下操作中不属于Excel的操作是（　　）。

A. 自动排版　B. 自动填充数据　C. 自动求和　D. 自动筛选

33. 按用途可把计算机分为通用型计算机和（　　）。

A. 台式计算机　B. 柜式计算机　C. 微型计算机　D. 专用型计算机

34. 十进制数127转换为二进制数是（　　）。

A. 0110111　B. 1010111　C. 1111111　D. 1001111

35. 某单位人事管理系统程序属于（　　）。

A. 工具软件　B. 字处理软件　C. 应用软件　D. 系统软件

36. 微机的外围设备中，属于输入设备的有（　　）。

A. 显示器　B. 打印机　C. 扬声器　D. 扫描仪

37. Windows中，操作的特点是（　　）。

A. 先选定操作对象，再选择操作命令　B. 先选定操作命令，再选择操作对象

C. 操作对象和操作命令须同时选择　D. 视具体任务而定

38. Windows的“资源管理器”左部窗口中，若显示的文件夹图标前带有“+”号，意味着该文件夹（　　）。

A. 含有下级文件夹　B. 仅含有文件

C. 是空文件夹　D. 不含下级文件夹

39. Windows中运行的程序最小化后，该应用程序的状态是（　　）。

A. 在前台运行　　B. 在后台运行　　C. 暂时停止运行　　D. 程序被关闭

40. Windows中，在某些窗口中可看到若干小的图形符号，这些图形符号在Windows中称为（　　）。

A. 文件　　B. 窗口　　C. 按钮　　D. 图标

41. 在Word编辑状态下，操作的对象经常是被选择的内容，若鼠标指针在某行行首的左边，（　　）操作可以仅选择光标所在的行。

A. 单击　　B. 击三次鼠标左键　　C. 双击　　D. 右击

42. Word文字处理中，在（　　）菜单中，选择“项目符号和编号”命令，屏幕将显示“项目符号和编号”对话框。

A. 编辑　　B. 插入　　C. 格式　　D. 工具

43. 在PowerPoint中，若要超级链接到其他文档，（　　）是不正确的。

A. 选择“插入”→“超级链接”命令

B. 按常用工具栏的 按钮

C. 选择“幻灯片放映”→“动作按钮”命令

D. 选择“插入”→“幻灯片（从文件）”命令

44. PowerPoint中创建表格时，假设创建的表格为6行4列，则在表格对话框中的列数和行数分别应填写（　　）。

A. 6 和 4　　B. 都为 6　　C. 4 和 6　　D. 都为 4

45. 在PowerPoint的幻灯片浏览视图下，不能完成的操作是（　　）。

A. 调整个别幻灯片位置　　B. 删除个别幻灯片

C. 编辑个别幻灯片内容　　D. 复制个别幻灯片

46. 设置modem可通过Windows上的（　　）设置？

A. 选择“我的电脑”→“控制面板”→“调制解调器”命令

B. 选择“桌面”→“网络”→“调制解调器”命令

C. 选择“我的电脑”→“网络”→“调制解调器”命令

D. 选择“桌面”→“控制面板”→“调制解调器”命令

47. 以下关于拨号上网正确的说法是（　　）。

A. 只能用音频电话线　　B. 音频和脉冲电话线都不能用

C. 只能用脉冲电话线　　D. 能用音频和脉冲电话线

48. 在Word的编辑状态，设置了标尺，可以同时显示水平标尺和垂直标尺的视图方式是（　　）。

A. 普通方式　　B. 页面方式　　C. 大纲方式　　D. 全屏显示方式

49. 下列哪个上网方式的计算机得到的IP地址是一个临时的IP地址？（　　）

A. 以终端方式上网的计算机　　B. 以拨号方式上网的计算机

C. 以局域网专线方式上网的计算机　　D. 以主机方式上网的计算机

50. 计算机内可以被硬件直接处理的数据是（　　）。

A. 二进制数　　B. 八进制数　　C. 十六进制数　　D. 字符

E. 汉字

三、多项选择题

1. 以下关于 AVERAGE 函数使用正确的有（　　）。
   A. AVERAGE（B2，B5，4）　　B. AVERAGE（B3，B5）
   C. AVERAGE（a2：a5，4）　　D. AVERAGE（B2：B5，a3：a5）
2. 以下哪些操作是将当前单元格的左边单元格变为当前单元格？（　　）
   A. 按【←】键　　B. 按【>】键
   C. 按【Enter】键　　D. 按【Shift+Tab】组合键
3. 下列算法语言中属于高级语言范畴的语言包括（　　）。
   A. Visual Basic　　B. MASM　　C. Fortran　　D. Visual C
   E. 机器语言
4. 与内存相比，外存的主要优点是（　　）。
   A. 存储容量大　　B. 信息可长期保存
   C. 存储单位信息的价格便宜　　D. 存取速度快
5. 存储程序的工作原理的基本思想是（　　）。
   A. 事先编好程序　　B. 将程序存储在计算机中
   C. 在人工控制下执行每条指令　　D. 自动将程序从存放的地址取出并执行
6. 资源管理器的“查看”菜单中，改变对象显示方式的命令有（　　）。
   A. 大图标　　B. 小图标　　C. 列表　　D. 详细资料
7. 关于 Word 的字体，下列哪些说法是正确的？（　　）
   A. Word 能使用的字体取决于系统（Windows 操作系统）
   B. 一篇文档可以使用多种字体
   C. 文档中的一个段落必须使用同一字体
   D. 文档中的一行必须使用同一字体
8. PowerPoint 中下列有关移动和复制文本的叙述正确的有（　　）。
   A. 文本剪切的组合键是【Ctrl+P】
   B. 文本复制的组合键是【Ctrl+C】
   C. 文本复制和剪切是有区别的
   D. 单击“粘贴”按钮和使用组合键【Ctrl+V】的效果是一样的
9. PowerPoint 中，在幻灯片的占位符中添加的文本有什么要求？（　　）
   A. 只要是文本形式就行　　B. 文本中不能含有数字
   C. 文本中不能含有中文　　D. 文本必须简短
10. 下列不属于 WWW 浏览器的软件是（　　）。
    A. Navigator　　B. Internet Explorer
    C. www　　D. Mailtoo
11. 若在微机中，3.5 英寸软盘的写保护窗口开着时，下面叙述中不正确的是（　　）。
    A. 只能读不能写　　B. 只能写不能读
    C. 既能写又能读　　D. 不起任何作用

12. 软磁盘被置为写保护后，正确的说法有（　　）。

A. 能读出信息　　B. 不能写入信息

C. 可读可写信息　　D. 可避免病毒侵入

13. Windows 中，能够关闭一个程序窗口的操作有（　　）。

A. 按【Alt+F4】组合键　　B. 双击菜单栏

C. 选择“文件”菜单中的“关闭”命令　　D. 单击菜单栏右端的“关闭”按钮

14. 退出 Word，可以用的方法有（　　）。

A. 单击 Word 窗口右上角的关闭按钮　　B. 单击 Word 窗口右上角的最小化按钮

C. 从菜单中选择退出　　D. 按住【Alt】键不放，同时按下【F4】键

15. 关于 user@public.qz.fj.cn 电子邮件说法正确的是（　　）。

A. 该收件人标志为 user

B. 该电子邮件服务器设在中国

C. 该电子邮件服务器设在美国

D. 知道该用户的电子邮箱地址，还须知道该用户的口令才能给他发电子邮件

E. 我们发信给他时，若此人不在网上，电子邮件将会丢失

16. 若要对 A1 至 A4 单元格内的四个数字求平均值，可输入（　　）。

A. SUM(A1：A4) /4　　B. （A1+A2：A4）/4

C. （A1+A2+A3+A4）/4　　D. （A1：A4）/4

17. 目前主要使用的声音文件有（　　）。

A. WAVE 格式文件　　B. MIDI 格式文件

C. MPEG 音频文件　　D. FLASH 格式文件

18. 彻底删除文件的操作应选（　　）。

A. 按住【Shift】键的同时把文件拖到回收站

B. 不仅删除此文件，并删除它所在的文件夹

C. 不仅删除此文件，并删除它所在的各层文件夹

D. 不仅删除此文件，并在回收站中加以清空

19. 关于 Word 的叙述，正确的是（　　）

A. Word 菜单下的工具条可以隐藏

B. Word 菜单下的工具条上的浅灰色的图标是不可用的

C. Word 文件可以设置密码防止他人观看

D. Word 文件可以用任意的文本编辑器查看

20. 下面关于“HTML”的说法正确的是（　　）。

A. 用 HTML 编写的文件扩展名为“.doc”

B. 用 HTML 编写的文件扩展名为“.htm”

C. HTML 是超文本置标语言

D. HTML 书写的文本文件可以包含各种形式的媒体文件

四、填空题

1. ＿＿＿＿＿＿是一个临时存储区。其中的数据可用“编辑”菜单的“粘贴”命令放入工作表中。

2. 若 d1 单元格为文本数据 3，d2 单元格为逻辑值 TRUE，则 SUM（d1：d2，2）= ＿＿＿＿＿＿。

3. 在计算机中，1K 是 2 的＿＿＿＿＿＿次方。

4. 功能最强的计算机是巨型机，通常使用的规模较小的计算机是 ________。
5. Windows 系统中的“回收站”是 ________中的一块区域。
6. Word 文字处理中，要删除图文框，先选定图文框，然后按 ________键。（如有英文请写大写字母）。
7. 在 PowerPoint 中，打印演示文稿时，要在“打印内容”栏中选择 ________，每页打印纸最多能输出九张幻灯片。
8. 要使幻灯片根据预先设置好的“排练计时”时间，不断重复放映，这需要在 ________对话框中进行设置。
9. 在域名地址中的后缀.cn 的含义是 ________。
10. Intranet 已成为企业计算机网络应用的发展模式，它的技术基础是 WWW 技术，核心任务是建立 ________服务器。（如有英文请写大写字母）。
11. 打开 Excel 工作簿是 ________ + ________键。（如有英文请写大写字母）。
12. 随机存取存储器的英文单词缩写是 ________。
13. 在计算机系统中通常把 ________和 ________合称为外部设备。
14. 选定多个不连续的文件或文件夹，应首先选定第一个文件或文件夹，然后按住 ________键（键名首字母大写，其余字母小写），单击需要选定的文件或文件夹。
15. 包含预定义的格式和配色方案，可以应用到任何演示文稿中创建独特的外观的模板是 ________。
16. PowerPoint 模板文件的默认扩展名为 ________。
17. IP 地址是一串很难记忆的数字，于是人们发明了 ________，给主机赋予一个用字母代表的名字，并进行 IP 地址与名字之间的转换工作。（如有英文请写大写字母）。
18. 因特网上的每台主机至少有 ________个 IP 地址。
19. Word 中进行分栏操作时，分栏的栏数最多 ________栏。
20. WWW 简称为 ________。
21. 使用工作簿窗口下方的工作表队列，选择当前工作表，按 ________键可选择上一个单元格为当前单元格;若同时选取多个连续的工作表，则按住 ________键，单击要选取的表名。
22. 十进制数 100，表示成二进制数是 ________，十六进制数是 ________。
23. 打印机按打印工作原理可分为击打式和 ________两大类。
24. Windows 中用 ________ +Space 键可以进行全角/半角的切换。（键名首字母要大写，其余字母小写）。
25. Word 文字处理中，所谓悬挂式缩进是指段落 ________不缩进，其余部分相对于 ________悬挂缩进。
26. 将文本添加到幻灯片最简易的方式是直接将文本输入幻灯片的任何占位符中。要在占位符外的其他地方添加文字，可以在幻灯片中使用 ________。
27. HTML 程序的开始标记是 ________，结束标记是 ________。
28. IP 地址每个字节的数据范围是 ________到 ________。
29. 新建 PowerPoint 演示文稿的方式有三种：________、________、________。

Learn more about it !

笔记栏